山地传统民居研究丛书

渝东南山地传统民居文化的地域性

冯维波　著

"十二五"国家科技支撑计划课题
"山地传统民居统筹规划与保护关键技术
与示范(2013BAJ11B04)"研究成果

科学出版社

北　京

内 容 简 介

本书基于对渝东南地区自然环境与人文环境特征的分析,以山地传统民居文化为研究对象,从传统聚落、民居建筑、景观信息图谱、评价体系构建、保护与传承等方面,多视角地对渝东南山地传统民居文化进行了系统的分析研究,由现象到本质,由空间形态到文化内核,由定性分析到定量评价,由案例解剖到理论总结,逐步深入探析了渝东南地区山地传统民居文化的地域特色。

本书适合于从事民居保护、建筑设计、城乡规划、旅游规划、景观设计、地理研究的高校教师与学生参考,并可作为相关专业高年级本科生和研究生的教材,也可供从事相关专业的科研人员、工程技术人员和管理人员使用。

图书在版编目(CIP)数据

渝东南山地传统民居文化的地域性/冯维波著.—北京:科学出版社,2016.1

(山地传统民居研究丛书)

ISBN 978-7-03-045945-9

Ⅰ.①渝…　Ⅱ.①冯…　Ⅲ.①民居-文化研究-重庆市　Ⅳ.①TU241.5

中国版本图书馆 CIP 数据核字(2015)第 241209 号

责任编辑:周　炜 / 责任校对:胡小洁
责任印制:张　倩 / 封面设计:陈　敬

科学出版社 出版

北京东黄城根北街 16 号
邮政编码:100717
http://www.sciencep.com

中国科学院印刷厂 印刷

科学出版社发行　各地新华书店经销

*

2016 年 1 月第 一 版　　开本:787×1092 1/16
2016 年 1 月第一次印刷　　印张:13
字数:296 000

定价:88.00 元

(如有印装质量问题,我社负责调换)

前　　言

　　渝东南地区,顾名思义,指的是重庆东南部,属于武陵山区的核心组成部分,境内山地占 78%,丘陵占 19%,平地仅占 3%,自古就有"八山一水一分田"的说法,具有山高谷深、地势崎岖的地貌特征,自然风光秀美,生态环境良好。该地区又是重庆唯一的以土家族、苗族为主的少数民族聚居区,民族风情浓郁,历史文化底蕴深厚,民居建筑风格独特,传统聚落形态丰富,形成了具有鲜明地域特色的山地传统民居文化。然而,在城市化、市场化、全球化浪潮的冲击下,越来越多的传统民居及其聚落不断被空心化、商业化和人工化,致使地域性民居文化逐渐丧失。在此背景下,研究渝东南地区山地传统民居文化的地域性,具有十分重要的理论与现实意义。

　　山地传统民居是指生活在山地的人们经过长期的生活而创造出的一种独特的,蕴含着人类与自然相互协调、共同发展哲理的,以居住类型为主的建筑形态,是对该地区人们的精神面貌和文化素养的综合反映。从某种意义上讲,可以把山地传统民居文化称为位于山地之上的建筑文化,即位于山地这种特殊自然-人文环境的传统民居形成的具有鲜明地域性特色的传统民居文化。本书主要从广义传统民居文化的角度进行研究,并以山地传统聚落文化与山地民居建筑文化两大方面为研究重点。

　　作者通过实地调查与访谈、文献资料收集、理论联系实际、定性与定量相结合等研究方法,从渝东南地区自然环境与人文环境的背景出发,以山地传统民居文化为研究对象,从传统聚落、民居建筑、景观信息图谱、评价体系构建、保护与传承等几个方面,多视角地对渝东南地区山地传统民居文化进行了较为系统的挖掘与梳理,由现象到本质,由空间形态到文化内核,由定性分析到定量评价,由案例解剖到理论总结,逐步深入探究渝东南地区山地传统民居文化的地域特色。同时作者也剖析了山地传统民居文化在典型地域中的演变历程,不同的地域环境形成了不同的聚落形态、建筑形制、空间格局、景观形态与营造技艺,总结传统民居与地理环境及文化之间的必然联系,了解其中所反映的地域文化,寻找传统民居与地理环境相生互长的文化内涵,对其具有普遍性的历史成因和传统价值进行挖掘分析,构建了山地传统民居文化景观信息图谱和评价体系,最后对渝东南地区山地传统民居文化保护及传承提出了相应的对策和建议。

　　因此,研究渝东南地区山地传统民居文化的地域性,对进一步保护和弘扬山地传统民居文化,提高人居环境质量,协调人地关系具有重要意义。对于建筑师来讲,可以从中汲取优秀的设计理念和精湛的建造技艺;通过山地传统民居文化的地域性研究,提炼出最具代表性和最活跃的地域文化因子,结合当今地域建筑创作手法进行分析总结,一方面能促进渝东南地区乃至巴渝地区地域建筑的创新;另一方面也将保护和弘扬山地传统民居文化。正如何镜堂先生所说的,"好的建筑创作不但应满足使用功能的基本要求,还应体现所处地域环境的特征,体现较高的文化品位和浓郁的时代气息,坚持建筑的地域性、文化性、时代性的整体观念"。

作者在渝东南考察及资料收集过程中,得到了秀山县规划局杨锐、高定刚,酉阳县文化馆李化等同志的大力支持和帮助。研究生曹福刚、张蒙、王秀、臧艳绒、杨俊俊、王全康、王丽、傅昆伦等进行了部分资料整理、图件绘制及数值计算。在此一并表示衷心的感谢。

本书是在重庆师范大学主持的"十二五"国家科技支撑计划"山地传统民居统筹规划与保护关键技术与示范"(2013BAJ11B04)课题资助下的研究成果,也是《山地传统民居研究丛书》的起点,我们一定会再接再厉,将山地传统民居研究进行下去,为大家呈现更丰富的民居研究成果。

限于作者水平,书中难免存在不足和不妥之处,敬请读者批评指正。

作　者

2015 年 6 月于山城重庆

目　　录

第1章　绪　　论

渝东南地区是以土家族和苗族为主的少数民族聚居区,有着独特的自然地理及人文环境特征,自然风光秀美,民族风情浓郁,建筑风格独特,历史文化底蕴深厚,形成了具有鲜明地域特色的山地传统民居文化。然而,在城市化浪潮的冲击下,越来越多的传统民居及其聚落不断被空心化、商业化和人工化,致使地域性民居文化逐渐丧失。在此背景下,研究渝东南地区山地传统民居文化的地域性,具有十分重要的理论与现实意义。

1.1　研究背景与意义

1.1.1　研究背景

在我国国土面积中,广义的山地(包括山地、丘陵及崎岖的高原)面积占到国土面积的2/3,人们依靠山地生活,取之于山、用之于山、建之于山,形成山地传统民居聚落。巴渝地区是我国典型的多山地区,其中独具特色的山地传统民居及其聚落,达到了"天人合一"的境界,形成的山地传统民居文化不仅是巴渝文化的重要组成部分,而且也是地域文明的浓缩和凝固(戴蕾,2008)。广义上讲,传统民居不仅包括民间的传统居住建筑,还包括与民间生产生活、宗教信仰息息相关的作坊、祠庙等多种类型的建筑。限于篇幅,本书重点探讨传统的居住建筑。

传统民居的营造根植于当地的自然环境、人文环境、建筑材料与建造技术,应该因地制宜、因材致用,符合当时当地特定的生活习惯、生产需要、经济发展、文化习俗和审美观念(徐辉,2012)。传统民居是时间累积的结果,是地域文化的象征。山地传统民居文化作为地域性传统文化的一种形式,在全球文化趋同和地域文化丧失的大背景下,应该得到更多关注和研究。从文化的角度研究和探索传统民居的产生、发展及演变规律,为地域建筑的保护及地域性建筑的再创造,将提供一定的理论基础和经验总结。同时地域建筑也只有从其自身生长的地域文化环境中去研究,才能探寻传统民居内在的发展规律(徐可,2005)。

渝东南地区处于四川盆地东南部大娄山和武陵山两大山系交汇处的盆缘山地,是重庆、贵州、湖南、湖北四省(直辖市)的结合部,包括"一区五县",即黔江区、武隆县、石柱土家族自治县、彭水苗族土家族自治县、酉阳土家族苗族自治县和秀山土家族苗族自治县(图1.1),面积约1.98万 km²,占全市面积的24.0%。渝东南地区自古就有"八山一水一分田"的说法,其中山地占78%,丘陵占19%,平地仅占3%。渝东南地区境内有武陵山、方斗山、七曜山等山脉;水系发达,主要有长江、乌江、酉水河等水系;喀斯特地貌比较发育,植被丰富、空气清新,但地势崎岖、山高谷深,生态敏感度高,灾害发生频率较大,并且一旦生态遭到破坏,其生态格局难以在短时间内得到恢复(图1.2)。另外,渝东南地区是重庆唯一集中连片,也是全国为数不多的以土家族和苗族为主的少数民族聚居区,是巴渝地区少数民族主要活动区域,有着独特的自然地理及人文环境特征,民族风情浓郁,民俗乡风淳朴,历史文化底蕴深厚,形成了具有鲜明地域特色的传统民居文化,造就了独特的文化地域性(图1.3)。

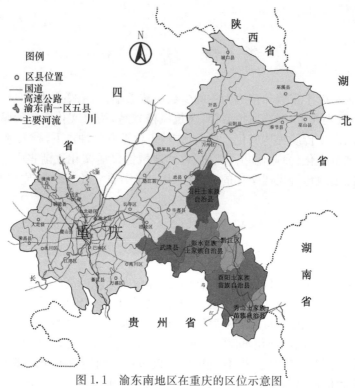

图1.1　渝东南地区在重庆的区位示意图

图1.2　酉阳县龚滩古镇一角　　　图1.3　石柱县金岭乡银杏村传统民居

由于区位、历史、地形及地缘等因素,渝东南地区经济社会发展相对滞后,缺少与外界的联系,形成了特有的封闭发展现象,并以传统聚落形态和孤岛型文化为表征;与发达地区比较,凸显出建筑风貌、空间形态、生产生活方式、文化信仰等方面的差异性,也就形成了富有地域和民族特色的乡土建筑、浓郁的民俗风情与底蕴深厚的民居文化。然而,在城镇化与市场经济的冲击下,一方面片面追求经济效益,人们的保护意识逐渐淡薄,致使不少传统民居及其聚落的商业化、人工化现象十分普遍,从而影响到传统民居的原真性保护;另一方面农村剩余劳动力转移非常明显,致使越来越多传统民居及其聚落的空心化现象十分严重,导致地域性民居文化逐渐丧失(图1.4)。并且大多数山地传统民居的基础设施落后、服务配套设施不全、布局分散混乱、人居环境质量较差。因此,基于当前相对落后的经济基础和市场化、城镇化的冲击,渝东南地区山地传统民居必须选择可持续发展之路,即在市场化、城市化的浪潮中,要正确处理好发展和保护的关系,弘扬民居历史文化,保护民居生态格局,传承民居建造技艺,提高人居环境质量,促进民居文化旅游事业健康发展,而渝东南地区山地传统民居文化的地域性研究也正是基于这一目的。

图 1.4 传统民居已被现代建筑取代

目前,重庆共有历史文化名镇 28 个,其中国家级 18 个、市级 27 个(其中 17 个既是国家级又是市级历史文化名镇),而渝东南地区共 6 个历史文化名镇,其中国家级 3 个、市级 5 个(表 1.1,图 1.5)(其中龙潭镇、濯水镇既是国家级又是市级历史文化名镇),在我国公布的中国传统村落目录中,首批重庆有 14 个(2012 年),第二批有 2 个(2013 年),第三批有 47 个(2014 年),而渝东南地区分别占 8 个、1 个和 30 个,也就是说在重庆 63 个中国传统村落名录中,渝东南地区就占有 39 个,约占 62.0%(表 1.2,图 1.6),充分说明渝东南地区是传统村落的聚集地,理应成为山地传统民居文化地域性研究的首选地区。

表 1.1 渝东南地区国家级、市级历史文化名镇名录

名称	地址	级别	批次
西沱镇	石柱土家族自治县	国家级	第一批(2003 年)
龙潭镇	酉阳土家族苗族自治县	国家级、市级	国家级(第二批,2005 年)、市级(第一批,2002 年)
濯水镇	黔江区	国家级、市级	国家级(第六批,2014 年)、市级(第二批,2012 年)
龚滩镇	酉阳土家族苗族自治县	市级	第一批(2002 年)
后溪镇	酉阳土家族苗族自治县	市级	第一批(2002 年)
洪安镇	秀山土家族苗族自治县	市级	第一批(2002 年)
合计/个			6

图1.5 渝东南地区国家级、市级历史文化名镇分布示意图

表1.2 渝东南地区中国传统村落名录

县(区)	镇(乡)	村	批次	合计/个
黔江区	小南海镇	新建村	第三批	4
	阿蓬江镇	大坪村		
	五里乡	五里社区程家特色大院		
	水市乡	水车坪老街		
武隆县	后坪苗族土家族乡	文凤村天池坝组	第三批	3
	沧沟乡	大田村大田组		
	浩口苗族仡佬族乡	浩口村田家寨		
石柱土家族自治县	金岭乡	银杏村	第一批	3
	石家乡	黄龙村		
	悦崃镇	新城村		

续表

县(区)	镇(乡)	村	批次	合计/个
秀山土家族苗族自治县	梅江镇	民族村	第一批	8
	梅江镇	凯干村	第三批	
	清溪场镇	大寨村		
	清溪场镇	两河村		
	洪安镇	边城村		
	洪安镇	猛董村大沟组		
	钟灵镇	凯堡村陈家坝		
	海洋乡	岩院村		
酉阳土家族苗族自治县	苍岭镇	大河口村	第一批	17
	苍岭镇	苍岭村池流水	第三批	
	苍岭镇	南溪村		
	酉水河镇	河湾村	第一批	
	酉水河镇	后溪村		
	酉水河镇	大江村	第三批	
	酉水河镇	河湾村恐虎溪寨		
	南腰界乡	南界村	第一批	
	可大乡	七分村	第二批	
	桃花源镇	龙池村洞子坨	第三批	
	龙潭镇	堰提村		
	西酬镇	江西村		
	丁市镇	汇家村神童溪		
	龚滩镇	小银村		
	花田乡	何家岩村		
	浪坪乡	浪水坝村小山坡		
	双泉乡	永祥村		
彭水苗族土家族自治县	梅子垭镇	佛山村	第三批	4
	润溪乡	樱桃村		
	朗溪乡	田湾村		
	龙塘乡	双龙村		
合计/个		39		

1.1.2　研究意义

传统民居是当地社会文化和历史背景的真实写照。渝东南地区山地传统民居文化地域性研究,从地域文化背景入手,探索文化与自然环境的关系,挖掘传统民居建筑文化的

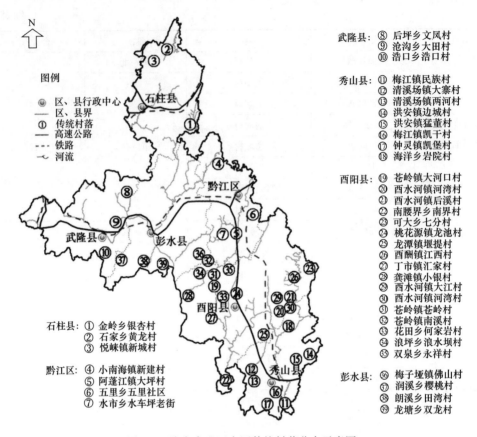

图例

◎ 区、县行政中心
—— 区、县界
① 传统村落
—— 高速公路
---- 铁路
〜 河流

石柱县：① 金岭乡银杏村
　　　　② 石家乡黄龙村
　　　　③ 悦崃镇新城村

黔江区：④ 小南海镇新建村
　　　　⑤ 阿蓬江镇大坪村
　　　　⑥ 五里乡五里社区
　　　　⑦ 水市乡水车坪老街

武隆县：⑧ 后坪乡文凤村
　　　　⑨ 沧沟乡大田村
　　　　⑩ 浩口乡浩口村

秀山县：⑪ 梅江镇民族村
　　　　⑫ 清溪场镇大寨村
　　　　⑬ 清溪场镇两河村
　　　　⑭ 洪安镇边城村
　　　　⑮ 洪安镇猛董村
　　　　⑯ 梅江镇凯干村
　　　　⑰ 钟灵镇凯堡村
　　　　⑱ 海洋乡岩院村

酉阳县：⑲ 苍岭镇大河口村
　　　　⑳ 酉水河镇河湾村
　　　　㉑ 酉水河镇后溪村
　　　　㉒ 南腰界乡南界村
　　　　㉓ 可大乡七分村
　　　　㉔ 桃花源镇龙池村
　　　　㉕ 龙潭镇堰提村
　　　　㉖ 酉酬镇江西村
　　　　㉗ 丁市镇汇家村
　　　　㉘ 龚滩镇小银村
　　　　㉙ 酉水河镇大江村
　　　　㉚ 酉水河镇河湾村
　　　　㉛ 苍岭镇苍岭村
　　　　㉜ 苍岭镇南溪村
　　　　㉝ 花田乡何家岩村
　　　　㉞ 浪坪乡浪水坝村
　　　　㉟ 双泉乡永祥村

彭水县：㊱ 梅子垭镇佛山村
　　　　㊲ 润溪乡樱桃村
　　　　㊳ 朗溪乡田湾村
　　　　㊴ 龙塘乡双龙村

图 1.6　渝东南地区中国传统村落分布示意图

价值,充分发展文化旅游事业,促进少数民族地区经济、文化及社会的全面协调发展。

作为传统建筑文化,民居的选址、格局、形制、外观、风格和材料等无不体现出人们对自然的认识和态度(沙润,1997)。渝东南地区独特的自然-人文环境,使其传统民居体现出了一种与山地、与人文相适应的独特建筑形制、空间形态,民居与环境融为一体,相得益彰。因此,研究渝东南地区山地传统民居文化的地域性,将有助于进一步保护和弘扬山地传统民居文化,提高人居环境质量,协调人地关系。

研究渝东南山地传统民居建筑及其聚落的形成和发展,对于建筑师来讲,可以从中汲取优秀的设计理念和精湛的建造技艺:通过山地传统民居文化的地域性研究,提炼出最具代表性和最活跃的地域文化因子,结合当今地域建筑创作手法进行分析总结,一方面能促进渝东南地区乃至巴渝地区地域建筑的创新;另一方面也将保护和弘扬山地传统民居文化。正如何镜堂先生所说的,"好的建筑创作不但应满足使用功能的基本要求,还应体现所处地域环境的特征,体现较高的文化品位和浓郁的时代气息,坚持建筑的地域性、文化性、时代性的整体观念"(赵新良,2007)。

1.2 相关概念的界定

1.2.1 山地传统民居

传统民居是人类最早、最大量、与人类生活最密切相关的建筑类型,也是人类最原始、最具可持续发展特性的一种建筑类型。从某种程度上讲,民居是指那些乡村的、非官方的、民间的、一代代延续下来的、以居住类型为主的"没有建筑师的建筑",它是我国建筑大家族中的重要组成部分,是特有的建筑形式,其产生和发展是社会、经济、文化、自然等因素的综合反映(王金平等,2005)。民居在一定程度上揭示了不同民族在不同时代和不同环境中生存、发展的规律,也反映了当时当地的经济、文化、生产、生活、伦理、习惯、宗教信仰,以及哲学、美学等观念和现实状况(赵新良,2007)。从现存的大量民居中可以清楚地发现,民居是各类建筑空间形态表现的一种原型,各类建筑与民居模式具有明显的同构现象。民居各种符号和信码的提炼与升华,体现着地方建筑的特色(余卓群,2010)。

山地的概念是从建筑场所的角度出发,并结合了地理学的含义而给出的,即对有一定的相对和绝对高度、隆起的地形的总称,是一种广义上的山地概念,是山地、丘陵、高原的综合。但从建筑学角度看,山地又包括非地理学上的含义,即地形有一定起伏变化,但不一定在山区的建筑用地(卢济威等,2007)。

山地传统民居是指生活在山地的人们经过长期的生活而创造出的一种独特的,蕴含着人类与自然相互协调、共同发展哲理的,以居住类型为主的建筑形态,是对该地区人们的精神面貌和文化素养的综合反映(冯维波,2014)。进入现代工业文明和信息文明时代,受到强势文化的激烈冲击,地方特色和文化多样性日渐式微,这种变化使人类社会从古至今不断延续的文化经验和生活方式受到极大的挑战(荆其敏等,2004)。

1.2.2 山地传统民居文化

传统民居文化是从文化的视角探讨民居物质形态与意识形态之间的关系和内涵,其研究的重点是民居的形制、形态及所隐含的建筑观念,是与传统民居保护和修复相辅相成的,文化研究取向是民居学者最普遍采用的方式(李进,2003)。实际上,传统民居文化是一种居住文化。从广义上讲,传统民居文化由外到内一般可分为四个圈层:第四层,即最外层,为由地形地貌、气候、水文、植被等组成的自然环境;第三层为由民风民俗、宗教信仰、政治制度等组成的人文环境;第二层为由民居建筑、传统聚落等组成的物质载体;第一层,即最内层,也为核心层,即人(居民),是指社会的人,是一切关系的总和(曾艳等,2013)。这四个圈层相互影响、相互作用,共同构成了传统民居文化(图1.7)。从狭义上讲,传统民居文化主要包括第一层与第二层,即在不同历史时期当地居民与民居之间相互关系的总和,而第三层、第四层的人文环境与自然环境仅仅作为外因来起作用。本书主要从广义的传统民居文化的角度进行研究,并将山地传统聚落文化与山地民居建筑文化两大方面作为研究的重点。

山地传统民居文化的形成是传统民居文化中关于山地独特地域特色的物质文化和精神文化的融合,是在山地自然环境与山地人文环境二者共同作用下所形成的具有山地特

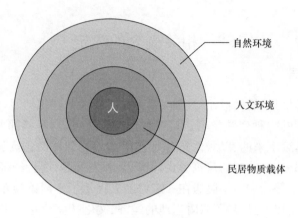

图 1.7　传统民居文化圈层组成

色的民居建筑形制、空间形态和建筑观念。从某种意义上讲,可以把山地传统民居文化称为位于山地之上的建筑文化,即位于山地这种特殊自然-人文环境的传统民居形成的具有鲜明地域性特色的传统民居文化。例如,干栏式建筑便是山地建筑文化的一种典型代表。由于山地地形、干栏的接地方式可能是一种最简单、最快捷的在山地中营造的适合人居住的水平空间的方式,所以干栏建筑是山区最普遍的一种建筑形态,是组成山地传统民居聚落的基本单元(杨宇振,2002)。

1.2.3　地域性

　　所谓地域通常是指一定的地域空间,是自然要素与人文要素相互作用形成的综合体。不同的地域会形成不同的镜子,映射出不同的地域文化,形成别具一格的地域景观。通过对地域概念的理解,可以认为,地域性是具有一定界限、内部具有独特优势和功能且表现出明显相似性和连续性的时空概念。地域与地域之间既具有明显的差异性又相互联系,是不同地域因所处的位置不同和社会发展的差异而导致的自然环境、人文环境等方面的地区差异。总体而言,地域是反映时空特点、经济社会文化特征的一个概念(牛斌惠,2012)。

　　不同地域的地形、气候、民族、宗教信仰等因素的差异,形成了不同的地域文化。影响民居文化的因素不外乎是自然因素和人文因素,全面分析民居文化的形成和发展因素,才能进一步揭示民居文化地域分布和运动规律,为民居文化的发展提供依据(翟辅东,1994)。

　　传统民居的地域性,就是指由各地不同的自然和人文环境而造成的传统民居建筑及其聚落的区域差异。传统民居是一定地域内人们生活经验的总结,是当地特有的建筑形制、空间形态及其社会、经济、文化功能的组合体。可以说传统民居文化在一定程度上揭示了不同民族在不同时代和不同环境中所体现出来的精神缩影,那么山地传统民居文化正是人与山地这种特有的自然-人文环境相互作用的结果,具有鲜明的地域性(图 1.8)。

图 1.8　依山而建错落有致的山地传统民居

1.3　国内外研究概况

1.3.1　有关传统民居的研究概况

1. 国外研究概况

20 世纪 60 年代,西方建筑学者开始注重民居研究,其中尤以 Rapoport 所著的《文化与建筑形式》为标志,乡土建筑研究开始受到重视并成为一门学科。之后,Rapoport 陆续出版了《山脉、村庄、舞蹈》、《没有建筑师的建筑》、《宅形与文化》等著作,阐述了西方建筑学者研究传统聚落和民居建筑的视野和方法(刘美江,2010)。

不同地域会受到不同自然-人文环境的影响,所以形成了不同民居类别。美国现代文化流行,因此乡村民居也极具现代风格,多为 2～3 层独立式的别墅;德国乡村民居以设计缜密著称,住宅形式多为 2～3 层的别墅式楼房;在日本,受自然地理环境影响,民居形态各异,但注重环境的美化,并且设计具有简单安全的特点;英国住宅受"绅士文化"的影响,外观不注重造型和色彩,多以灰、黑色为主色调。形态相异的民居形式,会形成不同的民居文化。对这些民居及文化的研究侧重点不同,研究方法也会随时代的发展而呈多样性变化。

建筑文化研究方法随着时代的发展在不断变化,以往基本上采用诸如归纳总结、案例分析、调查测绘等研究方法。对民居文化,不但要从建筑方面去研究,还要从人文方面去研究,研究民居居住者的生活起居、宗教信仰、民风民俗等;同时,还要从学科融合角度来研究,除了建筑学方面,还需要从地理学、历史学、社会学等角度进行研究。20 世纪 80 年代末 90 年代初,一些西方学者对中国民居进行研究并出版了成果,他们对中国民居的研究运用了许多的学科知识,包括地理学、人类学及历史学等的研究方法。例如,Knapp 的《中国景观:乡村》一书,录用了 24 位来自不同学科的学者的文章,这些学科主要包括地理学、建筑学、人类学及历史学(Knapp,1992)。这些研究者应用本学科的研究方法,对中国传统聚落形成过程及聚落形态进行了比较深入的研究。

Vitruvius 所著的《建筑十书》是目前现存最古老且最具影响力的西方建筑学专著,书中已经涉及建筑环境控制、建筑材料的研究。在第六书中,对民居适应的气候与民居的朝向等问题,他都做了阐述。聚落地理学研究聚落形成、发展、分布的规律性及其与地理环境的关系,着重研究聚落区位和自然条件对聚落布局的影响。在 20 世纪 30 年代,聚落地理研究遍及全世界,在欧美国家都形成了不同的研究侧重点。

总之,许多国家都注重对民居的研究和保护,尤其注意保护具有历史价值的传统民居文化。由于民居保护涉及的内容很多,所以需要多种相关学科的参与,包括建筑学、地理学、历史学、社会学及景观生态学等。自然环境与民居的融合度,是民居自然环境与人工环境结合程度的反映,体现了人与自然和睦相处的关系;自然环境与民居的融合度越高,说明民居整体环境价值越高;同时也说明民居对自然环境的依赖性比较大,依赖性越大,表明越脆弱,保护的价值就越大。因此,研究和保护传统民居文化需要多学科的融合。

2. 国内研究概况

20 世纪 50 年代,国内便开始比较系统地研究传统民居,经过 60 多年的研究,已取得了辉煌的成就。从目前的文献资料中不难看出,对我国传统民居的研究大体分为四个阶段(陆元鼎,1997):第一阶段为 40 年代的开拓期;第二阶段为 50 年代的起始阶段,其中主要以刘敦桢教授的《中国住宅概说》(于 1957 年出版)一书为代表,此书是早期比较全面的从平面功能分类来论述中国各地传统民居的著作,使得民居研究引起了建筑界的广泛重视;第三阶段为 60 年代,这一时期的民居研究以民居建筑的测绘与调查为主要侧重点;第四阶段为 80 年代以后,对民居文化的研究也就是在此阶段开始的,此阶段对传统民居的研究呈现出多学科、多领域交叉的特点,许多学者从建筑学、地理学、历史学、社会学、美学等不同学科的角度进行了研究。

传统民居是伴随着人类文明而产生的,它是当地各种文化、学科信息的载体。因此,要想更加深入地研究民居建筑及涵盖的民居文化,就需要多学科融合、共同参与来完成。无论是借鉴传统风水学解析传统民居选址、布局及文化内涵,还是借助现代科学技术探讨传统民居及文化的保护,都需要多学科的交叉研究。

近几年,对风水学研究的热度有上升的趋势,王其亨(2012)的《风水理论研究》、程建军(2010)的《风水与建筑》等都是研究风水的必读著作,这些研究风水的理论著作都与传统建筑尤其是传统民居结合得尤为紧密。杨柳(2005)、王俊等(2006)、季文娟(2008)分别从不同角度阐述了风水学与古代城镇的关系,为研究传统民居及文化提供了更具针对性的参考。

位于不同自然-人文环境的传统民居也会孕育出具有鲜明地域性特色的传统民居文化。曾艳等(2013)认为民居文化地理的研究,既有建筑学的类型学思维,又兼具文化地理学的系统性思维,探讨了民居物质形态与意识形态的关系与规律。宋金平(2001)、顾大男等(2010)也从地理学的视角研究民居分布和聚落形成机制,这为研究山地传统民居提供了具有地理学背景的理论依据。靳松安(2010)认为自然环境对人类文化形成与发展的这种制约作用,时代越早表现得越明显。因此,从自然环境角度研究山地传统民居文化的地域性是必不可少的。曹诗图(1994)认为自然界是文化产生的土壤,文化的生成与发展不可脱离自然地理环境。周尚意(2004)揭示了建筑文化与地理环境的关系,建筑文化的地域差异及分布规律等内容,为深入研究文化地理学提供了很好的借鉴。刘福智等(2003)

利用飘积理论解释聚落及聚落文化的形成,认为它们的形成受自然力的影响。田莹(2007)认为要更好地保护传统聚落就要保护好与其有紧密联系的自然生态环境,自然生态环境保护好了,传统聚落就有了继续生存下去的良好载体。胡红林(2008)认为地域性因素不仅表达为一种有形的物质性存在,还表达为无形的文化性的影响。李进(2003)认为不同地域的地理、气候、经济、民俗及宗教等条件的差异,形成了不同的地域文化。高静等(2005)认为地域性环境特征产生相应的地域性技术,同时成就地域性建筑文化。孔翔等(2010)认为地域文化是人类与特定地域的地理环境相互作用的产物,各地域文化之间的差异不仅是不同地域人文地理环境差异的重要表现,也是自然地理环境作用的深深烙印。王恩涌(2008)认为建筑在不断适应环境的情况下,会有不同的外貌形象,并产生共聚效应,形成建筑与地理环境的统一性。曾代伟(2007)认为文化因古今沿革,有其时代性;文化因环境之别,又有地域性。

研究山地传统民居文化地域性,挖掘特色,其目的就是要提高社会效益、经济效益和环境效益,以促进当地经济社会发展。黄光宇等(2004)认为山地文化的特殊性对区域经济发展有特殊的作用,挖掘特色文化,发展以山地传统民居为代表的古镇古村落特色旅游,必将推动区域经济发展。余大富(1996)认为人类在有关人地关系哲学认识和伦理观念指导下的有意识行为(也称为文化改变)具有两面性,如果是科学合理的意识行为,将有效地改善、协调或缓和人地矛盾,否则将导致人地环境系统的恶化,甚至毁灭。陈钊(1999)认为山地文化对山区经济发展有重要影响,改善山区文化属性及其形成基础是发展山区经济的根本策略和重要途径。翟辅东(1994)认为民居文化既是一种表现区域文化的景观语言,有丰厚的文化内涵和渊源,又是区域经济繁荣昌盛的标志。

保护及传承传统文化是人类在每个时代的历史责任,文化的传承即为民族精神、文化价值体系的延续。朱丹丹(2008)运用人类学中的"文化变迁理论"与"场域-惯习理论",着眼于旅游业利益相关方,从"人"的创造力和能动性出发,对旅游业在乡村文化变迁过程中产生的各种影响进行了深入的探究和分析。杨大禹(2011)试图从传统民居建筑中发掘其深层的文化传承基因,传延地方民居的风貌特色,努力追求建筑与地域自然和人文环境的融合与协调。黄一滔(2011)系统全面地介绍了西南地区历史文化村镇保护的研究工作,通过对具有特色的文化遗产进行有选择性的分类,为历史文化村镇的保护提供科学依据。

在有关传统民居评价方面也进行了较广泛的研究。《中国历史文化名镇(村)评选办法》、《中国历史文化名镇(村)评价指标体系(试行)》等,对名镇(村)的评选条件、评价指标进行了较详尽的规定;《传统村落评价认定指标体系(试行)》对中国传统村落名录的评选条件、评价指标也进行了较详尽的规定。在建筑遗产评价方面,朱光亚等(1998)、查群(2000)、梁雪春等(2002)、符全胜(2004)、朱向东等(2007)进行了研究;在历史文化名镇名村评价方面,李娜(2001)、赵勇(2008)进行了研究;在传统村落评价方面,朱晓明(2001)、朱晓翔(2005)、汪清蓉等(2006)、陈传金(2008)、梁水兰(2013)等进行了研究。

综上所述,国内对传统民居的研究主要具有以下几个特征:①研究学科众多,交叉趋势明显;②实证研究多于理论总结;③研究内容广泛,但系统性不够强;④研究方法以描述性、概念性方法为主。

1.3.2　有关渝东南山地传统民居的研究概况

1. 传统聚落

牛斌惠(2012)从聚落选址、总体布局和景观物质构成要素等方面分析了渝东南地区乡村聚落景观的形成和发展,探讨了聚落的现状与存在的问题,在此基础上提出了可供参考的保护和发展途径。黄东升(2011)以彭水县罗家坨为例,分析了传统聚落的现状、面临的问题和冲击,提出了传统聚落保护措施,认为渝东南苗族传统聚落的保护应与现代旅游业相结合,从而达到提高生产生活水平、发展当地经济、保护和传承民族文化的目的。郑欣(2011)通过对渝东南古镇景观意象的调查和分析,进一步发掘了古镇的历史文化内涵。冯维波(2014)认为,渝东南土家族山地传统民居聚落具有依山傍水的山地特征、耕地至上的邻农特征、群—序—拓扑结构的形态特征等,这些特征只是在汉族传统院落民居的基础上,受到当地特殊地形条件的限制而进行的修正。

2. 土家族民居

刘晓晖等(2005)、谢洪梅等(2009),从渝东南山区的地理环境、本土习俗、外来文化、宗教信仰、生活模式和适宜技术等方面出发,对渝东南的几个土家村落的选址和土家吊脚楼的空间组合、建筑形式、建筑装饰等进行研究分析,阐明渝东南乡村土家民居建筑艺术的美学特征,以及与当地传统文化和地域条件的和谐性和共融性,展现出渝东南乡村土家吊脚楼的独特建筑风格和艺术特征。徐可(2005)、孙雁等(2006)、周亮(2005)、潘攀(2010)等,从民居聚落、建筑技术、装饰艺术等方面剖析了渝东南土家族传统民居的特征,为传统民居保护及现代地域建筑创作提供了有用的启示。

3. 乡村文化旅游

鉴于渝东南地区民居文化的独特性与多样性,该地区有关文化旅游方面的研究也比较丰富。于世杰(2009)、杨江民(2012)、王山河等(2003)、王远康(2009)、毛长义(2006)等认为,渝东南少数民族地区旅游资源丰富,尤其是民俗风情旅游资源独特,但目前旅游开发力度不大,旅游事业发展比较迟缓,应该在客观分析区域旅游发展现状及条件的基础上,重点打造乡村文化旅游。张玉蓉等(2011)、田跃兴等(2012)、朱英君(2011)、李燕妮等(2012)认为,随着城镇化进程的不断提高,城市居民对具有乡村旅游特色的田园生态旅游、村落民居旅游、乡村民俗风情旅游的兴趣与日俱增,大力开发乡村旅游不仅有利于吸引城市的人流、物流、资金流和信息流,打破城乡二元结构,而且在美化村容村貌,提升农村生态环境质量,提高农民收入,挖掘、保护和传承农村传统文化,促进新农村建设,构建和谐社会等方面都有十分重要的参考价值。

综上所述,有关渝东南地区山地传统民居的研究主要具有以下几个特征:①有一些个案研究,但系统性不强;②实证研究较多,理论总结较少;③研究方法以描述性、概念性方法为主,缺乏必要的定量研究。

1.4　研究内容、思路与方法

1.4.1　研究内容与思路

本书从渝东南地区自然环境、人文环境背景出发,在对山地传统民居大量考察和分析的基础之上,以传统民居文化为研究对象,从传统聚落、民居建筑、景观信息图谱、评价体系构建、保护与传承等几个方面,多视角地对渝东南山地传统民居文化进行了较为系统的梳理,由现象到本质,由空间形态到文化内核,由定性分析到定量评价,逐步深入探究渝东南地区山地传统民居文化的地域特色。同时剖析山地传统民居文化在典型地域中的演变历程,不同的地域环境形成不同的建筑形制、空间格局、景观形态与营造技艺,总结出传统民居与地理环境及文化之间的必然关系,了解其中所反映的地域文化,寻找传统民居与地理环境相生互长的文化内涵,对其具有普遍性的历史成因和传统价值进行挖掘分析,推动构建山地传统民居文化景观信息图谱和评价体系,最后对传统民居文化保护及传承提出了相应的对策。具体包括以下内容。

第 1 章绪论,主要阐明了研究背景与意义,有关概念的界定,国内外有关传统民居研究概况,研究内容、思路与方法等。

第 2 章渝东南区域概况,主要从自然环境与人文环境两个方面分析探讨了渝东南地区的区域特征,认为该地区山地传统民居文化地域性的形成有其特定的环境基础。

第 3 章渝东南山地传统聚落文化的地域性,在阐释山地传统聚落文化内涵及其表现形式的基础上,重点从山地传统聚落的选址与营造、形态与布局、景观与环境三个方面分析探讨了渝东南山地传统聚落文化的地域性。认为渝东南地区的传统聚落在选址时遵循了风水理论,在营造时根据聚落选址的不同,呈现出了团状、带状、散点状等不同的空间形态,形成了典型的依山傍水与邻农特征。

第 4 章渝东南山地传统民居建筑文化的地域性,在阐释山地传统民居建筑文化内涵及其表现形式的基础上,重点从建筑营造和建筑空间两个方面分析探讨了渝东南山地传统民居建筑文化的地域性。认为建筑营造是一个复杂的系统工程,其体现的文化主要包括建筑体形、建筑形制、建筑结构、建筑构造、物理环境、装饰艺术、建筑技艺和建造习俗等方面;建筑空间所体现的文化主要包括堂屋、偏房、吊脚厢房、辅助房、山门、院坝等方面。

第 5 章渝东南山地传统民居景观信息图谱,在借鉴景观信息链理论及凯文·林奇城市意象理论的基础上,为了科学合理地识别渝东南山地传统民居景观信息,归纳总结出了景观信息的空间形态分类,即传统聚落景观信息的"点、线、面"及民居建筑景观信息的"平面、立面、剖面、结构和材料"分类体系,提出了传统民居景观信息识别方法,构建了渝东南山地传统聚落、山地民居建筑的景观信息图谱,并以酉阳县龚滩古镇、秀山县清溪场镇大寨村为例进行了实证研究。

第 6 章渝东南山地传统民居文化评价体系,在归纳总结我国有关历史文化名镇(村)、传统村落评选评价情况的基础上,构建了山地传统民居文化评价体系,包括 4 个大类、10个中类、17 个小类、37 项指标,以及权重与评分细则,并以酉阳县苍岭镇石泉苗寨为例进行了定量分析评价研究。

　　第7章渝东南山地传统民居文化保护与传承,在分析渝东南山地传统民居文化保护与传承面临困境的基础上,提出了有针对性的原则和策略,并以酉阳县龚滩古镇、秀山县清溪场镇大寨村为例进行了实证研究。

　　综上所述,本书的研究内容与思路如图1.9所示。

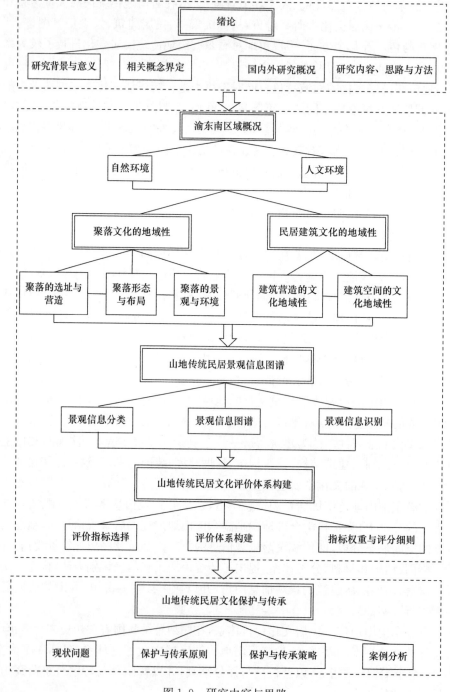

图1.9　研究内容与思路

1.4.2　研究方法

本书采用理论与实证、分析与综合相结合的研究方法。理论研究主要是文献梳理,以及理论分析、演绎与归纳;实证研究主要是选择典型案例进行实地调查研究;分析研究主要是探讨山地传统民居文化的构成及发生发展的规律性;综合研究是强调山地传统民居文化的系统性和复杂性。具体来讲,主要包括以下几种方法。

1. 文献研究法

查阅相关文献资料,借鉴前人的研究成果,总结其中的经验与方法,为进一步研究山地传统民居文化的地域性奠定基础。

2. 实地调研法

采用实地走访、摄影、调查、测绘等形式,前往石柱县金岭乡、石家乡、悦崃镇,西阳县龚滩镇、苍岭镇、西水河镇、后溪镇、龙潭镇,秀山县洪安镇、梅江镇、清溪场镇,黔江区濯水镇、小南海镇,以及武隆县、彭水县等部分乡镇,收集大量的第一手资料。

3. 学科交叉法

山地传统民居文化地域性研究是自然科学和人文科学共同的研究领域,该研究涉及的相关学科有建筑学、城乡规划学、地理学、文化学、生态学、历史学、景观学、社会学、哲学、心理学、美学等,在研究过程中必然要采用多学科相互交叉的方法。

4. 理论联系实际的方法

理论只有联系实际,并付诸实践才有生命力。本书力求抓住传统民居文化的地域性特点,紧密结合当下我国传统民居保护与发展中存在的问题开展研究,使研究成果既富有一定的理论性,又具有一定的实践指导意义。

5. 定性与定量相结合的方法

坚持定性与定量相结合,即在对山地传统民居文化进行定性分析的基础上,还要进行定量研究。只有这样,才能较为准确地揭示事物的本来面目,才能处理复杂问题。

1.5　本 章 小 结

在城市化、市场化、全球化浪潮的冲击下,越来越多的传统民居及其聚落不断被空心化、商业化和人工化,致使地域性民居文化逐渐丧失。在此背景下,研究渝东南地区山地传统民居文化的地域性,具有十分重要的理论与现实意义。本书对山地传统民居、山地传统民居文化、地域性等概念进行了界定,认为位于山地这种特殊自然-人文环境的传统民居也会孕育出具有鲜明地域性特色的传统民居文化,归纳总结了国内外有关传统民居研究概况,认为国内对传统民居的研究主要具有以下几个特征:①研究学科众多,交叉趋势明显;②实证研究多于理论总结;③研究内容广泛,但系统性不强;④研究方法以描述性、概念性方法为主。目前有关渝东南山地传统民居的研究主要集中在传统聚落、土家族民居和乡村文化旅游三个方面。最后以流程图的方式直观地展示了本书的研究内容与思路。

第 2 章 渝东南区域概况

区域是传统民居及其聚落的载体,传统民居及其聚落的产生、发展与演变是区域内多重因素综合作用的结果,区域因素的不同组合与变化是民居及其聚落产生差异化的根本原因。通过对区域内各因素的详细分析,归纳总结出区域特色,才能明确传统民居及其聚落形成的机制。依据划分原则,地理环境可以简单地分为自然环境和人文环境。因此,本章将从这两个方面对渝东南区域概况进行分析解读。

2.1 自然环境

自然环境是一个复杂的综合体,包括地形地貌、气候条件、水文条件、植被土壤等众多因子。地形地貌和气候条件是自然环境中起主导作用的两个重要因子,决定着其他因子的特性及空间分异。

2.1.1 地形地貌

重庆是一个典型的大城市带大农村的山地城市,形成了以山地、丘陵为主的地貌特征(图2.1)。依据不同地貌间的空间组合,以及相似性与主导性因素相结合的原则,重庆可划分为以下五大地貌单元:渝西方山丘陵区、渝中平行岭谷低山丘陵区、渝南中山丘陵区、渝东北中山区、渝东南中山低山区(陈升琪,2003)。

图 2.1 重庆市地形图

　　渝东南中山低山区地处四川盆地的东南部,位于新华夏构造系的渝鄂湘黔隆起褶皱带和四川盆地沉降带中的盆东褶皱带的交汇点,是大娄山和武陵山两大山系相交所形成的盆缘山地区域。该区域主构造线呈北北东向,其直接压应力来自北西西-南东东,部分受南北向构造的干扰或与之联合,形成弧形构造(蓝明波等,2012)。中山和低山是渝东南地貌的两大主要类型,武陵山、方斗山和七曜山是该区域的主要山脉,海拔大多在1000m以上。酉阳、秀山等地主要为低山区,海拔大多为700~900m。通过研究发现,渝东南地区中低山面积达到区域总面积的78%;而丘陵、平地较少,分别占总面积的19%和3%。所以,自古以来这里便有"八山一水一分田"的说法。由此可见,山地是渝东南地区的重要标志(图2.2、图2.3)。渝东南地区以灰岩、泥岩、粉砂岩分布为主,其中灰岩占60%以上,泥岩约占30%。该地区受亚热带湿润季风气候影响显著,在较高气温和丰沛降水这两个因素的共同作用下,岩石溶蚀作用强烈,喀斯特发育明显,形成了典型的喀斯特地貌区。

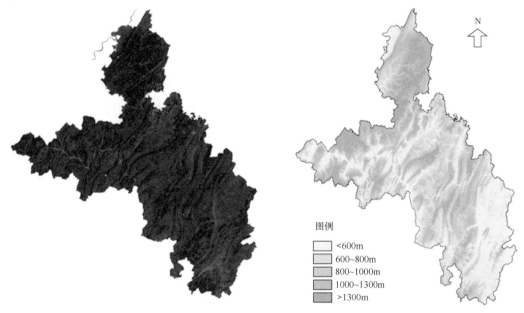

　　　　图 2.2　渝东南地区卫星影像图　　　　　　　　图 2.3　渝东南地区地形高程图

　　与重庆其他区域相比,该区各级地势海拔介于大巴山地和中部山地之间(表2.1)。不同的海拔是区域划分、环境特征识别的基本条件,是导致气候、植被及人类活动等一系列变化的重要原因。从地形地貌的区域组合来看,山高谷深、地势崎岖的渝东南地区为其富有特色的地域文化的形成奠定了良好的自然基础。

表 2.1　重庆地势分级海拔(陈升琪,2003)　　　　　　　(单位:m)

地势分级	大巴山地	武陵、七曜山地	中部山地
一级	2400~2500	2000~2100	1500~1600
二级	1900~2000	1500~1600	1000~1100

续表

地势分级	大巴山地	武陵、七曜山地	中部山地
三级	1400～1600	1000～1100	500～600
四级	800～1000	800	300～400

　　总之,渝东南地势地貌可以概括为以下几个特点:①山地数量众多、山地面积广大;②山体较高、坡陡谷深,地势起伏大(图2.4);③喀斯特地貌面积较大且发育良好;④地势西北高东南低。

图 2.4　渝东南地区山高谷深的地形地貌

2.1.2　气候条件

　　渝东南地区属于典型的亚热带湿润季风气候,具有气温较高和降水丰沛的气候特征。

　　1) 降水

　　受特殊的地理位置和山地地形的共同影响,渝东南地区降水具有以下特点:①降水丰沛,为重庆两大降水量最多的地区之一(另一个为渝东北的城口、开县等地),年平均高达1078.3～1355.8mm(表2.2,图2.5)。②降水季节分配不均,夏季最多、春秋季次之、冬季最少。渝东南地区冬季受西伯利亚高压的干燥气流影响,该地区冬季降水量和降水日数均是最少的季节。夏季受偏南季风的影响,盛行变性的热带海洋气团,降水充沛,是降水最多的季节,占年降水量的 37%～43%。秋季的偏南风逐渐撤出本区,各地降水量约占年降水量的 22%～30%,但降水日数最多,各地降水日数达 45～55 天,约占年降水日数的 30%以上;同时,该季节降水强度小、历时长,形成秋雨绵绵的气候特色。③降水地区分配有一定差异,东南多西北少。山地对暖湿气流有机械阻碍作用,受地形的影响,气流堆积后被迫抬升,由此产生绝热冷却,成云致雨,在迎风坡形成"雨坡",在背风坡形成"雨影区"(徐立天,2013),从而导致渝东南地区降水量从东南向西北逐渐减少。

表 2.2　渝东南地区降水概况　　　　　　　　　　（单位:mm）

县(区)	春季降水量 (3~5月)	夏季降水量 (6~8月)	秋季降水量 (9~11月)	冬季降水量 (12~次年2月)	年降水量
黔江区	334.5	505.2	300.9	62.4	1203.0
彭水县	348.8	521.0	293.6	63.6	1227.0
酉阳县	409.9	538.7	322.2	85.0	1355.8
秀山县	412.9	495.5	313.2	102.5	1324.1
石柱县	338.0	429.1	289.1	54.5	1110.7
武隆县	309.0	458.4	262.0	48.9	1078.3

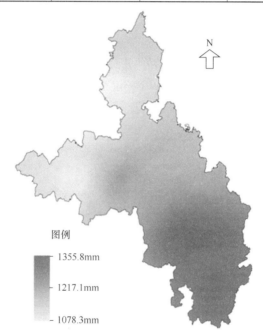

N

图例

- 1355.8mm

- 1217.1mm

- 1078.3mm

图 2.5　渝东南地区多年平均降水分布示意图

2) 气温

受盛夏西太平洋副热带高压控制,重庆地区夏季十分炎热,容易出现连晴高温的天气,因此是全国著名的高温区。但由于渝东南地区海拔较高,与重庆主城区相比,其夏季气温较低,最热月均温为 25.4~27.7℃(表 2.3)。

表 2.3　渝东南地区气温概况　　　　　　　　　　（单位:℃）

县(区)	1月均温	3月均温	7月均温	8月均温	年均温	极端最高温度	极端最低温度
黔江区	4.4	10.1	25.8	25.6	15.4	38.6	−5.8
彭水县	6.8	12.5	27.7	27.6	15.7	44.1	−3.8
酉阳县	3.8	9.3	25.4	24.9	14.9	38.1	−8.4

县(区)	1月均温	3月均温	7月均温	8月均温	年均温	极端最高温度	极端最低温度
秀山县	5.2	10.9	27.5	26.9	16.9	39.6	−8.6
石柱县	5.7	11.7	26.7	26.4	16.4	40.2	−4.7
武隆县	6.7	12.4	27.5	27.4	17.3	—	—

通常情况下,气温随海拔升高而降低。渝东南地区海拔低于400m的地带,年均温18℃;海拔400~800m地带,年均温14~17℃;海拔800~1500m地带,年均温7~10℃;海拔大于2000m地带,年均温4~6℃。结合渝东南多年平均降水地区分布图来看,降水增多而导致气温降低,使得该地区气温变化以海拔高度增高而降低这一情况发生偏离(图2.6)。

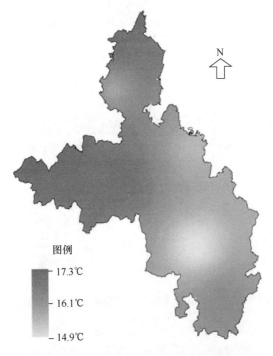

图例
- 17.3℃
- 16.1℃
- 14.9℃

图2.6　渝东南地区多年平均气温分布示意图

3) 气流

近地面层气流的流动,受地形起伏因素影响显著。从区域内部看,渝东南地区山谷相间、地形破碎,形成了众多四面环山的环境,走向各异的山脉延缓了气流的流动。同时,东南低、西北高的地形,使得夏季由东南方向进入的气流由于爬升作用而减缓。从区域外部看,受北面秦巴山地的影响,冬季的偏北气流在南侵过程中受阻。因此,渝东南地区近地面层终年风速较小。

4) 雾

重庆是我国雾较多的地区,是闻名国内外的"雾都"。其类型主要有辐射雾、平流雾、锋面雾、蒸发雾、江面雾等(刘德等,2004),绝大部分地区年均雾日在 35～50 天。重庆的雾有明显的季节变化和日变化。就季节变化而言,主要出现在秋冬季节,特别是冬季最多,大部分地区可达 15～25 天,占全年雾日的 37%～50%。就日变化而言,雾大多生成于 4:00～8:00,消散于 8:00～13:00,7:00～9:00 出现频率最大。结合渝东南地区海拔较高,以及降水丰沛、风速较小等因素,该区域雾出现的频率和天数更多,在河谷地区常常更容易形成雾。

5) 日照

重庆是全国日照时数最少的地区之一,日照率(实照时数与可照时数之比)不足 50%。渝东南地区年日照时数为 1000～1300h。彭水县是日照的低值区,年日照时数不足 1000h。渝东南地区日照时数的季节变化十分明显。夏季最多,占年日照时数的 40%～50%;冬季最少,约占年日照时数的 10%;春、秋季次之,分别占年日照时数的 20%～30%、12%～14%。年日照率大部分地区为 28%～33%,彭水县仅为 23%。

在传统民居景观差异化形成过程中,气候扮演着重要角色,对民居建筑的布局、形式等方面产生重要的影响。例如,由于降水量的影响,传统民居的屋面坡度可划分为平屋顶区(坡度<10°)、缓坡屋顶区(10°～30°)及陡坡屋顶区(>30°)。根据有关研究,年降水量在 0～250mm 的区域基本上为平屋顶区,年降水量在 250～500mm 的区域基本为缓坡屋顶区,年降水量在 500mm 以上的为陡坡屋顶区。渝东南地区传统民居基本上为陡坡屋顶区,这主要是为了及时排水(图 2.7)。气温、气流特征也会影响到传统民居的设计建造,从而表现出不同的区域特征。例如,渝东南地区传统民居对保暖性不作要求,但是由于降水多、湿度大及风速小等原因,传统民居的设计更加注重通风散湿,其中空透的阁楼就是其真实的写照(图 2.8)。

图 2.7　富有特色的屋面排水　　　　　图 2.8　注重通风散湿的空透阁楼

2.1.3　水文条件

渝东南地区河流纵横、溪流密布,有乌江、酉水、郁江、阿蓬江等为代表的重要河流,特别是乌江,自酉阳县黑獭坝入境,经彭水、武隆,在涪陵城东汇入长江,境内河长 219.5km,多年平均径流量 519 亿 m³,为长江南岸最大的一级支流,流域面积在 3000km² 以上(图 2.9)。

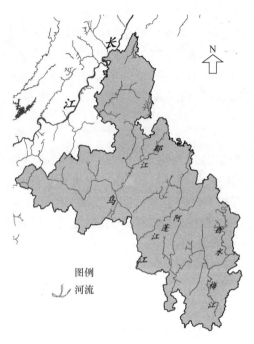

图 2.9　渝东南地区河流分布示意图

渝东南地区河川径流的补给主要来源于降水,其季节分配与降水相呼应,表现为夏季最多、春秋季次之、冬季最少。一般从 4 月水位开始上涨,径流量随之增多;自 5 月起进入汛期,7~8 月流量最大;9~10 月两个月中的径流量仍占年总量的 10% 以上,形成秋汛;10 月以后,河流水位开始下降,汛期结束。同时,河流水情变化的另一特征是水位涨落急剧,水位、流量过程线呈持续峰形,洪峰陡峭,特别是乌江等河流具有典型的山区性河流特征。

渝东南地区河流径流量大、流域面积广,自古以来对沿岸地区的政治、经济和文化发展起到了积极的推动作用,河流成为人类活动的重要纽带,是古代渝东南地区与外界联系沟通的最便捷通道,承载着重要的物质流和文化流。乌江、酉水、郁江、阿蓬江等众多河流及其支流沿岸多有古镇、古村落形成,因此,河流是影响和构成渝东南传统民居及其聚落的重要因子(图 2.10)。

2.1.4　植被土壤

湿热的气候条件是影响生物多样性的重要因素。受亚热带湿润季风气候的影响,植物种类多样、长势繁茂、覆盖率高,是渝东南山地环境的主要特点(图 2.11,图 2.12)。主要植被类型是亚热带中低山常绿落叶阔叶混交林,亚热带低山常绿针叶林和亚热带丘陵低山竹林等。常绿阔叶林分布上限可达海拔 2000m 左右,树种以峨眉栲、甜槠栲、栲树、宜昌润楠、川桂、华木荷等为主。山茶科、樟科植物生长比较普遍,杉树分布也较广。正是拥有这些种类丰富的木材资源,渝东南地区才逐渐形成了具有一定地域特色的、适合多雨多山的木结构建筑体系。

　　图 2.10　濒临阿蓬江的濯水古镇

　　图 2.11　植被丰富的渝东南地区

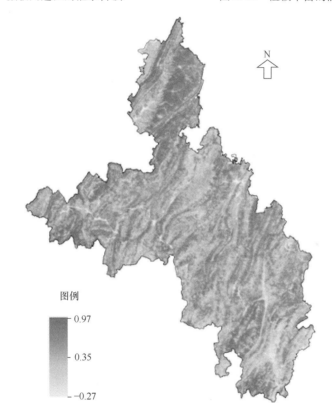

图例
0.97
0.35
−0.27

图 2.12　渝东南地区植被覆盖率分布示意图

　　在气候、地形和岩石母质的共同影响下,该地土壤主要是山地黄壤和石灰土。渝东南的西阳、秀山一带有一定面积的红壤分布,红壤中的红黄泥土主要分布在山间盆地。彭水、西阳等地海拔 1400m 以上喀斯特中山平缓低洼地带分布有山地草甸土。

　　植物的生长依赖于生态环境所提供的条件,不同的土壤条件会使植物形态和种类呈现出一定的差异性。由于自然环境所提供的建筑材料存在着地区性差异,不同地区居民对建筑材料的选择及运用迥异,这是影响传统民居构筑特征的另一重要因素。

2.1.5　自然环境的地域性

自然环境为人类生存和发展提供了最基本的物质条件,是人类社会及文化存在和发展的前提。一个地区的自然环境对当地聚落景观形态、传统文化的形成与发展有着较大的影响。渝东南地区山高谷深、地势崎岖、气候湿热、植被丰富及溪流众多等独特的自然环境特征,势必造就与众不同的传统民居景观形态,从而形成特色鲜明、地域性较强的传统民居文化。人文景观是文化的承载体,自然环境要素对文化的影响一部分会体现在传统民居及聚落景观之中。

通过对渝东南自然环境特征的分析,我们发现渝东南地区的形成有着先天的特质。首先,从地形地貌特征来看,渝东南地区山地海拔大多在 1000m 左右,与渝东北险要的高山和中西部低山丘陵有着明显的差异,形成了相对完整的地貌单元。其次,从气候特征来看,渝东南地区降水丰富、年均温较低,与中部地区有着明显的分异。总之,渝东南地区与渝东北、渝西及中部地区在地形地貌和气候特征上有明显的差异性。其实,这种差异性便是自然环境所具有的地域性,势必造就与众不同的传统民居文化。

2.2　人 文 环 境

渝东南地区是重庆唯一的以土家族、苗族为主的少数民族聚居区。据 2010 年第六次全国人口普查,在重庆,土家族人口最多,有 139 万人,占重庆少数民族人口的 72.21%,其次是苗族,有 48 万人,占 24.94%,这两个少数民族人口占重庆少数民族总人口的 97.15%。历史上,该地区经历了多次民族的迁徙及融合,在政治、经济、宗教等因素的长期共同作用下,最终形成了具有地区性特色的人文环境。

2.2.1　民族文化

1) 民族迁徙

重庆自古以来就是一个民族迁徙频繁的地区,在长期的历史发展过程中,渝东南地区的居民大多是从北部和东部迁徙而来的(图 2.13)。

从历史上看,共有八次大规模的迁徙。其中最早一次移民过程可以追溯到新石器时期,并认为巴族是渝东南地区较早的原住民(李禹阶,2013)。在随后的历史进程中,渝东南地区不断有移民迁入,形成了现在渝东南地区以土家族、苗族为主的少数民族聚居区。

目前,土家族主要分布在湘西土家族苗族自治州、鄂西土家族苗族自治州和重庆的渝东南地区。土家族自称"毕兹卡"(意为"本地人")。2000 年以前,即定居于今天的湘西、鄂西和渝东南一带。土家族的起源在学术界争论颇多,但根据部分史籍记载和专家推论,土家族先民可以追溯到殷周时代的巴人,而巴人的远祖是兴起于西北高原黄帝部落的一支,且与黄帝同为姬姓,并南迁到江汉平原、三峡地区等区域形成巴族,随后又迁徙到湖北武落钟离山,形成"廪君部落"。该部落从清江而下,在鄂西地区发展壮大,沿山脉、河流进入今渝东南地区。关于土家族先民——古代巴人的历史传说,最早文献记载见于《山海经·海内经》。巴人诸支,均表现出其独特的文化特征,可以说是今日土家族的文化渊源;

图 2.13　渝东南地区民族迁徙路线示意图

自两汉至隋唐五代,是土家族初步形成和其文化特点逐步突出的时期;宋元明清四朝,是土家族民族共同体初步形成后的稳定发展时期,这个时期建立了巩固的土司制度;到雍正年间,土家族进入"改土归流"时期。

据相关史料研究,渝东南土家族经历了巴人→蛮→土蛮→土人→土家人的历史演变,表明土家族是一个勤劳善良、吃苦耐劳而又坚强不屈的伟大民族。

苗族的历史同样悠久。苗族目前主要分布在贵州、云南、湖南和重庆等地,自称"牡"、"果雄"、"模"、"毛"、"蒙"等,一般以服饰和居地不同,而在苗字前面冠以不同的名称。苗族的族属渊源与远古时代的"九黎"(即"重黎")、"三苗"、"荆蛮"(有时又称"南蛮")一脉相承。九黎是苗族的祖先,距今有五六千年的历史,原处于长江中下游地区。《皇朝经世文编·青螺文集》又云:"考红苗蟠踞楚、蜀、黔三省之界,而古三苗遗种也。"(冉懋雄,2002)在不同历史时期,受战乱和政治变革的影响,部分苗族均有迁徙的记录。例如,西阳县苍岭镇的石泉苗寨就是移民过来的典型案例。据当地《石氏族谱》记载:石氏祖先1510年明武宗年间从江西迁到"火烧溪"(今石泉苗寨,位于苍岭镇大河口村),西阳石姓一世祖石宦曹系北宋开国元勋石守信六世孙石土器后裔。整个石泉苗寨500余人,全姓石,迄今已有15代。其建成的石泉苗寨历经数百年,至今仍保存完好(图2.14)。

图 2.14　酉阳县石泉苗寨局部

　　移民过程,也是一个移民民族与当地原住民族文化整合的过程。各具特色的文化在渝东南地区因民族的融合而产生与发展,从而形成新的文化地域体系。土家族和苗族历史上由于迁入人口较多,所以渝东南地区文化受这两个民族影响颇大。与此同时,除了历史上规模较大的移民外,还受到政治、经济发展的影响,渝东南地区交通比较发达的沿河两岸,随着经商的兴起,外来文化的涌入,形成了部分风格迥异的建筑文化。当然,在渝东南地区,其特色文化体系仍然以土家族和苗族文化为主导。

　　2) 民俗艺术

　　渝东南地区少数民族以土家族和苗族为主,具有独特的生活生产习俗(表 2.4、图 2.15),在生活生产用具方面,土家族与苗族基本上无差异,这主要是两个民族在同一地区长期融合的结果。

表 2.4　渝东南地区土家族与苗族服饰、饮食比较

项目	土家族	苗族
服饰	男上装是"琵琶襟""滚边领",又称为"对襟衣",布扣5~7颗,多青蓝二色布料,有的镶花边;女上装多滚有"栏杆"花边,无领或矮领,领大而短,俗称"右开襟",青蓝二色布料,白布腰带,姑娘喜欢留长辫,穿红色或粉红色绣花鞋,佩戴金银首饰;男女成年人都喜欢在头上包2~3m长的青色丝帕	男女上装衣领和右上侧各有5对布扣,右下侧3对;女上装多镶花边"栏杆",下装大裤脚,膝下镶有3条平行"栏杆"
饮食	主食为米饭、玉米、土豆、红薯;喜酸辣味,如传统酸辣椒炒肉;各家各户做泡菜,过节做糯米团	主食为米饭、玉米,善饮酒,以酒为礼

　　渝东南地区民俗文化丰富多彩,其中比较有名的有摆手舞、民歌、花灯、舞狮等。其中,已被列入国家级非物质文化遗产名录的有摆手舞、花灯、面具阳戏、舞狮、古歌、酉阳民歌、秀山民歌、石柱土家啰儿调、南溪号子等(表 2.5);已被列入重庆市级非物质文化遗产名录的有石柱酒令、木叶吹奏、梅子山歌、龙潭八牌锣鼓、后坪山歌、石柱板凳龙等。

图 2.15 渝东南地区土家族、苗族生活生产用品(部分)

表 2.5 渝东南地区国家级非物质文化遗产名录

名称	简介	示例
土家族摆手舞	又称舍巴舞(土家族语),是土家人在土王庙前祭祀时的祭祀舞,在唱摆手歌时的伴舞动作。按表演形式可分为单摆、双摆、竞摆、循环摆、插花摆等五种;按参与人数的多少摆手舞又可分为大摆手和小摆手。小摆手的参与人数较少,一般只有几百人,用于普通的节日喜庆活动;大摆手参与人数多,一般数千人甚至上万人,用于隆重的祭祀活动。在土王庙(摆手堂)和摆手坝进行,人数可达万人。摆手动作是同边手脚一起摆动,以臀部带动全身。已被列入"首批国家级非物质文化遗产名录"	
秀山花灯	花灯又称跳花灯、耍花灯、花灯戏,是一种古朴、诙谐、抒情,集宗教、民俗、歌舞、杂技、纸扎艺术于一体的一种具有浓郁地方特色的民间文化现象和综合表演艺术。以秀山花灯为典型代表,已被列入首批"国家级非物质文化遗产名录"	
面具阳戏	面具阳戏,又名脸壳戏,是地道的土家族戏种。有 32 副面具,表演时依据人物形象的不同戴不同的面具。唱腔:大王腔、生腔、丞相腔、皇生腔、元帅腔等,代表了不同的人物形象。现用乐器:鼓、锣、钹、勾锣、马锣等。今仍具有"歌舞求神、载人还愿","农忙务农、农闲从艺"等原生态文化形式。已被列入"国家级非物质文化遗产名录"	
高台舞狮	舞狮表演形式分平地狮舞和高台狮舞。平地狮舞主要用于婚、丧、嫁、娶、节日、开业庆典等活动;高台狮主要用于重大节日和交流比赛。狮舞的目的是期望来年五谷丰登、国泰民安,同时还具有驱逐邪魔,带来吉祥安康、团结兴旺之寓意。已被列入"国家级非物质文化遗产名录"	
酉阳古歌	古歌是巫傩师在祭祖崇拜、祈求丰收和驱邪还愿活动中吟唱的文辞,是南方古文化在武陵山区延续和衍变的产物,风格诡谲,源头可以追溯到上古时代的巫歌,是劳动人民长期积累的自然知识和社会知识的总汇。酉阳古歌历史悠久,影响广泛,学术研究价值极高。已被列入"国家级非物质文化遗产名录"	
酉阳民歌秀山民歌	据《酉阳州志》记载:"土人面对篝火歌舞膜拜以祀神"。它是在武陵山区特有的地理环境影响下形成的,也是土家族、苗族与汉族等民族文化融合衍变的产物,如著名的秀山民歌《黄杨扁担》。二者均被列入"国家级非物质文化遗产名录"	

名称	简介	示例
石柱土家啰儿调	因山歌唱词中有"啰儿"而得名,具有悠久的历史。石柱土家啰儿调在长期传唱中,形成了内容丰富多样、曲调简洁多变、乡音乡韵浓郁的民歌特色。其歌曲种类包括生活歌、山歌、情歌、对歌、诙谐歌、号子等,曲目难以数计,如著名的石柱民歌《太阳出来喜洋洋》就是其中的典型代表	
南溪号子	在黔江区土家族中广为传唱,歌词多为即兴创作,但其腔调和唱法比较固定。基本唱法为一人领喊,两人或三人喊高音,三人或更多的人喊低音,众人帮腔,从而形成高中低声部互相应和在山野间悠扬激荡的天籁之声	

例如,土家族的民族舞蹈"摆手舞",尤以酉阳土家族苗族自治县——"中国土家族摆手舞之乡"为代表,跳摆手舞以谢天地和祖先。土家族有很多节日,如社巴节、六月六等。"社巴节"又称为"舍巴节"、"调年会",有祭祀、跳摆手舞等数十种内容,从正月初三开始至初七结束,这是土家族最隆重的传统节日。苗族同样创造了丰富多彩的民俗艺术,至今还保留用自己的语言唱本民族歌曲的习俗,始终保持原汁原味,具有原生态的风格,大多反映身边事、身边情、身边景。因此,有人认为苗歌是苗族文化中丧失民族特征最迟的文化因素之一,具有民族区域性特征和重要的民族识别作用。苗歌从形式上可分为古歌(史歌)、酒歌、礼俗歌、劳动歌曲、山歌等。苗族的重要节日有苗年、赶秋坡和吃新节等。"苗年"又称为"郎卯"、"能酿",相当于汉族的春节,一般在农历十月的第二个或第三个卯日。立秋这天,身着节日盛装,成群结队,从四面八方汇集到集会地点,举行一年一度的"赶秋坡"活动。

3) 宗族血缘与礼法

宗族即同祖为宗,同姓为族。宗族制度是传统社会中形成的一种以血缘关系为准则的组织形式,表现为供奉同一祖先的同姓亲属组成的群体组织。以宗族关系形成的传统聚落就是宗族血缘制度最好的例证。宗族或家族观对聚落内的个人有很大的约束力,个人对家族或宗族具有较强的依赖心理和服从性,它是维系聚落内部稳定的重要力量,制定的宗法族规或者其他形式的道德标准是传统聚落自治的社会基础,也是个人之间相互帮助的原动力。

礼制是以德治理的具体化,通过礼仪定式与礼制条文规定人们的思想与行为。传统聚落是一典型的身份礼制社会,人们一旦发生冲突和纠纷,通常请族中的长老或辈分高、德行好的人出面,以人情礼俗来调停,注重的是相互礼让,保持社会原有的秩序和稳定,这种行为是礼制文化观念的集体表现。

渝东南地区传统聚落通常是以一定的亲缘或地缘关系为基础,以家族、宗法为纽带来维系的小型社会。宗族法规对宗族活动的组织管理、个人行为及民居建造等有各种成文或不成文的规定。例如,土家族法规规定,每年冬至日在宗族祠堂开宗族大会,称为"冬至会"。宗族大会是宗族处理内部事务的权力机构,一般来说,宗族大会不设常设机构,只是由该宗族中辈分较高、品行皆优、受大家敬重的人来担任主持人。大会会期1~3天不等，开会前，由族长率领族众拜敬祖先，然后，全体族人在祠堂处理人事纠纷。对败坏家风者，在"冬至会"那天处理，当场执行家法。平时抓获败坏家风者，可即时处理，无须等到"冬至会"。族内处罚皆由族长定夺，轻者掌板，重者吊磨盘沉河。

土家族法规对民居建筑的规制、内部摆设亦有规定并且不得违反。例如，对神龛的摆设，必须摆在堂屋正对门的墙壁上。西阳县西水河镇后溪村是土家族的发祥地之一，村内的水巷子白家祠堂、新寨子白家祠堂和彭家祠堂建造于咸丰至光绪年间，新寨子白家祠堂的大门左侧，保存有于光绪二十五年刻立的石碑，上面刻有严格的宗族家规和道德标准。

土家人在本民族长期的历史发展过程中，形成了一些关于交往、礼仪及冲突处理的方式及习惯法，它们是宗族血缘关系制度进一步发展的产物，也是宗族外的交往准则。例如，土家族习惯法规定，村民走亲访友时，在未踏进主人家大门之前，必须先打招呼。主人家应声出门，客人才能进屋。如果没有听到主人家回应，客人不能贸然进屋。村民走亲访友时，必须随身带上一些如水果、点心或土特产等礼物。不吉祥或违禁物品，不能带进亲朋好友家（宋仕平，2006）。崇敬祖先与提倡孝道是中国传统的礼制思想，同样影响着渝东南地区的建筑布局及居住空间形式。例如，受右长尊、左幼卑等传统文化思想的影响，对于坐北朝南的传统民居来讲，右厢房一般为长者住，或者给儿子住；对于坐南朝北的传统民居来讲，西边厢房（位于左边）一般给女儿住，成了"女儿家"。苗族分支众多，不同的分支其习俗略有不同，但大都具备浓厚的宗族血缘观念。

4）民间信仰与禁忌

渝东南地区各民族总体信仰多神，为多神宗教，表现为对自然的崇拜、图腾的崇拜、祖先的崇拜、鬼神的崇拜、巫术的崇拜等，以土家族为代表的少数民族就是很好的例证。土家族源起巴人，巴人以白虎为图腾，白虎图腾崇拜在土家族中一直延续下来。土家族先民将白虎视为本部族的祖先，视自己为白虎的子孙。土家族对白虎崇拜表现为每家每户都要有一个白虎坐堂，家家都要设坛祭。西阳、秀山等地土家族人在堂屋后墙的中间放一凳子作为白虎坐堂的神位（图2.16）。

图2.16　白虎图腾

　　土家族是典型的农耕民族,土地赋予土家族人粮食,因此,土家族对土地的依赖使人们崇拜土地神,遂祭拜土地神。土家族人认为农事的各方面都由神掌管,对土地神的祭拜是希望农事风调雨顺。传统土家族地区基本每村都建有土地庙,供奉土地神(图 2.17)。

图 2.17　土地庙

　　巴族善于狩猎的特性传承给土家族,大山则赋予土家族猎物,因此,土家族人祭拜山神,多敬梅山神,也有敬张五郎的。土家族的猎神崇拜祭祀活动带有神秘色彩,祭祀时只许梯玛(神与人之间的代言人,一般为老土司)和猎手参加。土家族人通常以献牲的形式祭山神。

　　少数民族在对神的崇拜中表现出两种特点:一是敬仰,二是畏惧。对神的畏惧使得文化中出现了行为禁忌特色。禁忌之制起源于原始社会,是一种最早、最特殊的社会规范形式,随着社会的不断发展演变,禁忌的内容也越来越多。土家族的禁忌,来源于对神的敬畏,他们认为神掌管着周围的一切,包括土家族人居住和生活的一切空间。因此,土家族人行为禁忌的外在表现,往往呈现出人的行为对建筑和土地的限制。土家族在房屋建造时,在屋顶造有砖塑脊兽,借以趋吉避邪。其他方面,土家族禁忌习俗主要有以下几类:①岁时与生产禁忌,即每逢特定时日,禁止做某些事。例如,除夕与正月,土家族人认为每岁正月逢戊日为土地神生日,当天严禁用牛动土、挑水洗涤和入园摘菜,违反将会导致年成不好和不吉祥之事发生。②生育禁忌和婚丧禁忌,即特定情况下,禁止做某些事。例如,妇女孕期,家中不得搬动大中型东西,不得在家中动土,不得在墙上钉钉子。新娘离开娘家时,要由其兄弟背着出屋,双脚绝不能沾地,以免带走娘家泥土造成家庭败落。③其他禁忌,包括祭祀禁忌和数字禁忌。土家人的堂屋内壁上安放着神龛,为祭祖先神灵之所,其下有摆放祭品的供神之桌,该神桌之缝隙严禁直对神龛,否则认为有欺宗灭祖之相,有分裂祖宗神灵之意,故须将桌缝与神龛成平行位置摆放。土家人最忌讳的数字是"36",认为这个数字是个"劫数",故民间诸事总要回避"36",甚至连 3 斤 6 两、3 元 6 角、3 尺 6 寸等数字亦在禁忌之列。

5）风水文化

风水学是古代中华民族的重要发明,是中国古代的一门重要学问,也是一个非常具有中国特色的文化现象。虽然风水学中有许多伪科学的成分,但在当时历史条件下能够分析建筑所处地理环境的优劣,不愧是一大创举,其目的还是寻求理想的人居环境(图 2.18)。需要指出的是风水理论及其实践与中国传统建筑文化有着千丝万缕的联系,可以说是一门古代建筑规划设计理论。风水学中的居住文化观在中国传统文化观里扮演着重要角色,通过考察包括地势地貌、气候、水文、植被、土壤等在内的地理环境,来择吉地布局建设,其目的就是充分发挥地理环境的优势,规避地理环境的劣势,以求理想的人居环境。

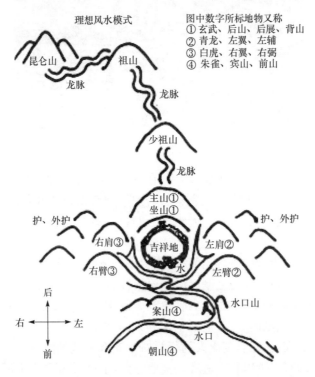

图 2.18　聚落及建筑的最佳选址

风水文化的形成可以追溯至黄帝时代。经考古发现证实,距今 6000 年前,在今河南濮阳西水坡仰韶文化的 45 号大墓葬中,已出现象征风水思想的"青龙"、"白虎"的图形。濮阳当时属于黄帝统治,而巴人的远祖是兴起于西北高原黄帝部落的一支,且与黄帝同为姬姓。因此,可以推断巴族部落文化中也存在风水文化。渝东南地区 4000 多年前便有巴人在这里繁衍生息。古代巴人为了对抗恶劣的生存环境,防止敌人猛兽的袭击,同时方便自身的生活,根据自然环境,发展出了以山为背、以水为伴的独特居所。这是一种居所选址的法则,它所表现出的对山水地形的勘察,便是风水文化的一种反映。当地迁徙而来的少数民族汲取了原住民的文化,风水观也深入人心。渝东南地区少数民族在生活中的许多方面都讲究风水,最明显的例子就是传统聚落和民居建筑的风水选址布局、朝向及民居建筑装饰。在民居寻址择基时,要请风水先生架罗盘看山势的龙脉走向和地理气势,更有讲究的,要根据当年甲子、主人生辰八字推断民居地基、坐向。聚落或者民居建筑选址都讲究追寻"背有靠山,前有向山;依山面水,负阴抱阳"的风水宝地。

2.2.2　山地文化

山地作为一种复杂的地貌类型对社会文化的产生与发展影响颇大。在多数情况下,社会发展往往形成了特有的封闭形式及独特的孤岛形状态,例如,土司制度下少数民族社会与外界的隔绝状况——"蛮不出境,汉不入峒",在空间形态上常常表现为呈封闭状分布的土家、苗族村寨。不同的文化在受到山地的影响后,显示出了一些文化共性的特征,其中最突出的特征是保守性、排他性和崇尚个性,即山地文化的共性(图 2.19)。与之相对应的是缺乏开放性、兼容性和崇尚集体性。所谓保守性是指不愿意或不善于接受新事物、新文化,对外来优秀文化持怀疑态度而自觉不自觉地生出一种抵制力(陈钊,1999)。

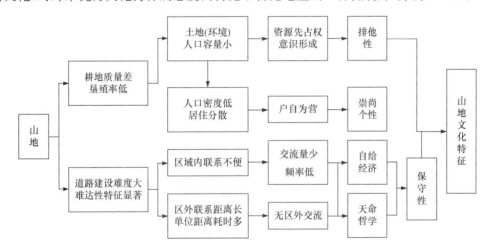

图 2.19　山地文化形成机制图(陈钊,1999)

虽然山地文化具有上述三个共同特征,但是对于重庆,特别是渝东南地区而言,却存在山地河流域和山地腹地域两种细微的差异。腹地域的文化传播摩擦力相对于河流域大,并且受外界文化影响小,文化演进相对较慢,因此,二者虽同为山地文化,却表现出细微的差异。

山地腹地域,是山地文化保守性、排他性和崇尚个性特质的典型区域。在渝东南地区,以崇尚个性为例,腹地域的传统民居和聚落绝大部分坐落于山间坡地,受地形因素影响,各家各户或聚落由于选址的不同而产生布局差异。坡度不同,使得民居建造种类在座子屋和吊脚楼间变换;平地面积不同,导致民居平面形态产生变换。加之人口数量的不同,各家各户对具有不同功能的建筑有不同的需求,如有的需要一间或两间偏房。这些因素使得传统民居形态产生了丰富的变化,这便是崇尚个性的典型表现,也是顺应自然的典型表现。排他性在少数民族聚落营建过程中表现得尤为明显,其中苗寨就是一个十分典型的案例。苗寨居民以宗族血缘为基础,聚集而居。姓名是血缘差异的外在表现,苗寨的居民姓名单一,如石泉苗寨居民均为石姓。保守性方面,制度文化建设就是一种典型的体现。元明两朝及清初,历朝历代为维护地区稳定,在渝东南少数民族地区推行与汉族地区截然不同的政治统治——土司制度。一方面,是各朝代统治阶级为了安抚少数民族权贵的统治而采取的一种政治手段;另一方面,也是少数民族地区社会经济的发展及思想观念的不同,不适应中央政治制度的体现。明代中后期以后,随着地区经济社会的发展,与外界交流的增加,客观上满足了政治制度改变的要求,遂"改土归流"得以实施。

山地河流域,具备山地文化保守性、排他性,崇尚个性,但是同山地腹地域相比较弱,同时也具备开放性和兼容性的特征。开放性以经济和人口迁移最为典型。山地河流域因为靠近河流的因素,而河流是山地地区联系外界最便捷的通道,是物资和人口流动的主要交通线,随着社会经济的发展,商业活动频繁,河流沿岸部分聚落发展成为商品集散地,伴随经济流到来的则是人口流动与迁徙。当地居民因参与经济活动,与外来人口交流密切,所以外来文化对本土居民逐渐产生了影响。河流域往往是各种文化的交融地带,因此,逐渐形成了一定的开放性特征。在兼容性方面,山地腹地域土家族、苗族传统民居以木质座子屋和吊脚楼为主,而龙潭古镇街道上的房屋很多具有徽派建筑的风格,有很高的马头墙(图2.20)。其原因是龙潭古镇位于龙潭河畔,可通过龙潭河、酉水河与沅江相连,直达长江中下游地区,这样通过与发达地区的经济联系与文化交流活动,部分江南地区的商人定居于该镇,带来了江南建筑的设计理念。受之前古镇焚毁的影响,为保护财产安全防止火灾,新建建筑则采取高大马头墙的建筑方式。当地居民也吸纳了这种文化,并通过自己的文化,改造了马头墙的外貌,增加了富有特色的尖状突出物。这充分体现了文化发展过程中的相互影响、吸收借鉴的特点(图2.21)。

图2.20　龙潭古镇传统民居的马头墙　　　　图2.21　富有地方特色的马头墙

人文环境的特性受自然环境的影响,山地影响下的人文环境必定带有山地的特性。对于渝东南地区而言,地域文化不仅具有保守性、排他性,崇尚个性,同时也具有部分开放性和兼容性,这便是其地域文化的最大特性所在。

2.2.3　码头文化

自2003年公布第一批中国历史文化名镇以来,截至2014年,我国共评选出六批名镇,重庆共有18座,其中渝东南地区有3座,占重庆市的六分之一,有石柱县的西沱镇、酉阳县的龙潭镇及黔江区的濯水镇。西沱镇是长江上游重要的深水良港,在清乾隆时期,这里便成为水陆贸易的重镇。龙潭镇原本并未建在河边,因历史上曾被毁于大火,才迁往龙潭河旁重建。凭借龙潭河、西水河的便利,龙潭镇逐渐发展成为重要的商业集镇,因此自古便有"龙潭货、龚滩钱"的美称。濯水古镇因阿蓬江而兴起,明清时期曾是黔江及周边的集贸中心,依托河运,这里商贾云集,盐号、商号、钱庄遍布。2002 年和 2012 年,重庆公布的两批 27 个市级历史文化名镇中,渝东南地区共有酉阳县的龚滩镇、后溪镇和秀山县的洪安镇入选。这些古镇均建在河流旁,成为古代商业重镇(图 2.22)。

(a) 西沱镇　　　　　　　　(b) 龙潭镇　　　　　　　　(c) 濯水镇

(d) 龚滩镇　　　　　　　　(e) 后溪镇　　　　　　　　(f) 洪安镇

图 2.22　渝东南地区国家级、市级历史文化名镇

　　龚滩古镇位于渝东南酉阳县,其文字可考历史达 1700 多年,1999 年被重庆市政府命名为"巴渝第一古镇"。龚滩原名龚湍,因唐代时镇上居民多为龚姓,又因乌江水流湍急而得名。龚滩是典型的依靠水路运输而发展起来的古镇。原本龚滩处的乌江畅通无阻,因突发地质灾害,龚滩古镇的历史发生改变。岩崩使得乌江形成"断航滩",滩长 400 余米,水面落差 4 米多高,滩中又多巨石,阻断航运形成跌水,使龚滩成为乌江中的大险滩之首。因此,通过龚滩的航运物资,不得不卸货转运。数百吨的桐油、木油、生漆、五倍子、向日葵、猪鬃、兽皮、粮食、朱砂、药材等渝鄂湘黔土特产品由此转运涪陵、重庆、汉口等长江沿线各大中城市。

　　历史上,因特殊的地理位置而形成的商业重镇不胜枚举。凭借着不同的优势条件,商业城镇便形成了不同的类型,如广州,凭借与隔海相望地区的贸易,形成了沿海的商业口岸;重庆因位于内陆,依靠长江和嘉陵江,则形成了内陆商业口岸。经济的发展催生了推动经济活动的各种行为,久而久之便产生了相应的经济文化。

　　一般来说,码头文化是指中下层以河岸货运为中心的一群人的文化,以"利"字当头,以"义"字为口号,带有浓厚的江湖气息。码头文化最大的特征之一就是具有吸纳意识。古今中外有很多这样的码头,得水利之便而人来客往,各种信息、资源在此相互融汇,往往让它们有了吸收外来优势资源、优秀文化的先天条件,学习、吸纳也就成了码头城镇惯有的风气。许多好的东西,能够很便利、很及时地为其所用。如上海,一些国际上很时髦的东西、很优势的文化因素,能够比较快捷而便利地被她吸纳,从而形成特色鲜明的"海派文化"内核。这种吸纳意识使其更具有开放性和包容性。渝东南地区因山地因素的限制及河流因素的诱导,产生了独特的码头经济与码头文化,表现为独特的码头物质文化和码头非物质文化。

在码头物质文化方面,主要表现为特殊的聚落形态和民居建筑类型组合。在聚落形态方面,最突出的便是呈条带状空间形态,主要基于以下三点:第一,渝东南地区大面积的山地使得聚落不可能产生大面积团状布局;第二,沿河流而建的聚落,因地形的限制,形成了沿山坡走向的层层叠叠布局;第三,为了防洪,聚落选址一般位于洪水位之上的阶地区域,而这些阶地往往呈带状格局(图2.23)。在民居建筑类型组合方面,沿河而建的吊脚楼及沿山而建的座子屋便是最佳的例证。经济具有集聚力,而距离会产生经济衰减。因此,在适宜布局建筑面积较少的河谷地区,为了经济适宜性,传统民居建筑集中布局,形成了吊脚楼与座子屋的组合形态。吊脚楼虽然在建造成本和技术上较座子屋更高,但是增加了水平方向利用的空间,通过利用该空间赚取的经济利益高于成本,是值得的。

在码头非物质文化方面,则有更多的例证,如纤夫、乌江船工号子及与河流相关的文化。在特殊的河流区域,受水情和地形因素的影响,如遇险滩激流,大型船只往返过程中必须卸货转滩,就需要借助纤夫拉船。纤夫是码头必不可少的文化景观之一(图2.24)。乌江船工号子是一种民俗歌谣,通过号子特殊的韵律,使得一起工作的劳动者产生工作的协调性,利于发力,方便搬运重的物品,特别是在山地地区,陡坡和阶梯不利于使用运输工具,搬运重物往往依靠搬运工,乌江船工号子的产生提升了工作效率。同时,号子因地域的不同,产生了不同的内容,体现了不同地域的文化特性。古镇因河兴起,河流是当地居民生活生产的一部分,因此,在长期发展过程中,产生了与河流息息相关的文化活动,如赛龙舟。

图2.23　酉阳县酉水河镇

图2.24　乌江上的纤夫

总之,码头文化的精华就是开放、包容和与时俱进,体现了渝东南鲜明的民族个性,大山大川铸就了渝东南男儿热情似火而又坚韧豪迈、女儿柔情似水而又英气勃勃的气概。

2.2.4 政治制度

1) 土司制度

土司制度是元明两朝及清前期,封建王朝对我国西南、西北等少数民族地区实施的一种管理制度,是从历代"羁縻政策"发展而来的(李良品,2011)。渝东南地区实行土司制度渊源已久,始于宋代,完善于明代,直到清初"改土归流"完成,渝东南才结束了长达 400 年的土司统治,涉及地区主要包括今酉阳县、石柱县、秀山县等地,该地区的土司系出自土家族(杨花,2011)。土司制度是一种封建王朝统治者借助少数民族的地方势力来管理民族地区地方事务的特殊统治方式,也是一项带有地方自治性质的管理制度,"其所以报于国家者,唯贡、唯赋、唯兵"。作为一项适应少数民族地区社会发展需要的基本政治制度,在土司统治时期,渝东南地区少数民族形成了独特的民风民俗及封闭的文化意识。土司制度也引发了当地社会、政治、军事、经济、文化等方面的深刻变化,改变了渝东南地区社会发展的总体面貌(图 2.25)。

图 2.25 秀山土司城

土司制度具有以下特点:第一,土司一职通常来说均为世袭制,但其职位的任命、升降、废除则需要通过封建王朝决定。第二,在土司制度下的统治机构,内部官员除了中央任命的命官以外,还有土司亲自任命的官员。这些官员绝大多数与土司有着亲密的血缘关系。第三,土司制度是一种军政合一的组织。土司利用其占有的土地,将民户编入兵农合一的"营"、"旗"之中(石亚洲,2003)。非战争时期为普通居民,战争时期则为士兵,又称为"土兵"。土兵同时也听从朝廷的派遣。第四,经济方面,土司控制地区除了向封建王朝进贡以外,也提供赋税。总体来说,其经济发展具有一定的独立性。

在土司制度影响下,渝东南地区民族文化产生了一定的变化:第一,增强了民族内部长幼尊卑的传统。土司制度下,官员的任命是统治阶级在以血缘关系为框架的基础上产生的,这种行为巩固了民族内长辈的权力与威望。第二,阻碍了区域内外文化的交流与发展。土人有"蛮不出境,汉不入峒"的说法。土司制度在控制人口迁移方面有着极其严格的限制,《谭氏族谱》中记载:"嘉靖年间,因征土寇黄正中,本官移居万县尚未回关,以致本地土夷出没无常。黄正中等归附汉籍当差,仍遵前案,间有土田仍认纳土籍差粮,不得推闪。逮负以后,土民亦不许脱漏土籍。"(何服生,1994)这是渝东南地区少数民族特色文化形成及封闭意识的根源之一。第三,促进了少数民族文化与儒家文化的融合。土司制度后期,封建王朝虽然禁止汉人迁入土司地区,但是为了维护封建统治,封建集权者在土司地区推行儒家文化,兴办儒学。《明史·土司传》记载弘治十六年(1503年),明孝宗同意了"以后土官应袭子弟,悉令入学,渐染风化,以格顽冥。如不入学者,不准承袭"的建议(张廷玉等,1974)。儒学的兴办,使得儒家文化开始渗透到土司地区,使得当地特色文化具备了儒家文化的特征。例如,在儒家思想的影响下,土家族传统民居的建造出现了儒家化的特点——合围的空间形态。

2) 改土归流制度

明朝将元朝的土司制度发展成一套完整的统治制度。清朝中后期进行全面的改土归流,主要包括以下三点:一是废除土司建制,设置与内地建制相同的州县制度;二是废除土司,对西南民族地区采取和内地一样的流官统治;三是对原土司地区进行政治、经济、军事、文化等方面的全面改革,如废除了"土兵"制度,废除了"蛮不出境,汉不入峒"的限制条款等。

改土归流的意义在于废除了土司的世代统治,打破土司割据,使得区域同外界的联系顺畅通达;废除了一些陈规陋习,奴隶制、领主制彻底瓦解,刺激了当地经济、社会的繁荣发展;广设学堂,促进了当地文化教育事业的发展,加强了中央政府对地方的直接统治,加强了各地区经济、技术与文化交流,巩固了多民族统一国家(宋仕平,2006)。渝东南地区在实行改土归流制度以后,社会经济与文化得到了较快的发展,汉文化影响逐渐加深,从而促进了当地民居建筑及聚落的变化。

2.2.5　人文环境的地域性

在人文环境方面,以不同民族所占据的地理空间作为划分区域的依据,是一种普遍的方法。从地区少数民族人口所占比例来说,渝东南少数民族人口占总人口的一半以上,这与重庆中西部地区及渝东北地区有质的差异。人既是文化的创造者,又是文化的传承者,少数民族人口比重大,意味着区域文化的主体为少数民族文化,因此,形成了以土家族、苗族文化为主体,其他文化共存的渝东南文化区。其人文环境的地域性主要包括以下三点。

(1) 形成了以土家族、苗族文化为主体的多文化交融区。首先,渝东南地区虽为多民族地区,但是长期以来,由于土家族、苗族占有主导地位,土家族文化与苗族文化已逐渐成为该地区的主流文化。其次,渝东南地区的土家族文化、苗族文化与湘西、鄂西、黔北等其他地区的土家族文化与苗族文化具有明显的差异,这是土家族、苗族内部的分支不同,以及受到当地独特自然环境与其他人文因素的共同影响的结果。同时,由于环境因素的影响及吸收了部分土家族文化,当地苗族的文化也与黔东北产生了一定的差异。最后,各民族文化有机融合,形成了渝东南特色。土家族各分支由于信仰不同,堂屋的布局也有差异,如渝东南土家族供奉的坐堂白虎就区别于其他地区;苗族传统民居为吊脚楼,但是受土家族文化的影响,由贵州的全吊脚楼形式转变为半吊脚楼形式。

(2) 形成了由山地腹地和山地水域两部分构成的山地文化。通常,山地文化具有保守性、排他性和崇尚个性的特点,但是由于渝东南地区河网密布、四通八达,形成了具有一定开放性和融合性的山地水域文化与码头文化。

（3）从土司制度到改土归流,渝东南地区从比较封闭的文化逐渐发展为比较开放的文化,致使民居建筑及其聚落的空间形态也发生了相应的改变。

2.3　本 章 小 结

渝东南是典型的山地区域,特殊的地理环境是特色文化形成与发展的基本前提。复杂的地形地貌造成了与外界相对隔绝的封闭环境,千差万别的自然条件又将地理空间进行多重分割,这在一定程度上导致渝东南地区的人文环境存在"大分散、小聚集"的空间格局。在早期,该地的原住民巴人与不同历史时期迁入的民族共同生活、相互融合,经过漫长的发展,巴文化与其他民族文化相互借鉴、相互影响,形成了独特的渝东南文化。山地对文化的发展和传播有其深刻的影响,政治和经济也是影响文化发展的另一主要因素。总之,渝东南独特的自然-人文环境特征为山地传统民居文化地域性的形成提供了必不可少的条件。

第 3 章　渝东南山地传统聚落文化的地域性

传统聚落是自然环境和人文环境共同作用的产物，它具有丰富的文化底蕴，记录着地域文化最真实、最可靠的信息，是建筑文化的物质载体。通过对区域内传统聚落的选址与营造、形态与布局、景观与环境的研究，可以挖掘其背后所蕴藏的聚落文化。这对于保护传统聚落及传统文化具有极其重要的意义。

3.1　山地传统聚落文化内涵及其表现形式

3.1.1　山地传统聚落文化内涵

聚落是指在一定地域内所发生的社会活动和社会关系，是由共同的人群所组成的相对独立的地域社会。它是一种空间系统，是一种复杂的经济、文化现象，是在特定的地理环境和社会经济背景中人类活动与自然相互作用的综合结果。

传统聚落又称为历史文化聚落，是指在历史时期形成的、保留有明显的历史文化特征且历史文化风貌相对完整的古城、古镇、古村落，传统聚落是历史时期人类活动和自然环境相互作用的结果，它们从不同侧面记录了当时社会、经济、政治、文化和民俗等信息。因此，传统聚落的实质是历史信息的集合，包含了丰富的文化内涵。

山地传统聚落是指生活在山地的人们经过长期的生活而创造出的一种独特的蕴含着人类与自然相互协调、共同发展哲理的一种聚落形态，是在特定的时空内受自然-人文环境等因素综合影响下所形成的，是一个地区人们的精神面貌和文化素养的综合反映，包括山地古城、山地古镇和山地古村落(图 3.1、图 3.2)。山地传统聚落文化就是聚落物质形态与意识形态之间的关系和内涵，主要是通过山地传统聚落的选址与营造、形态与布局及所隐含的规划布局观念等方面体现出来的。

图 3.1　酉阳县龙潭古镇

图 3.2　酉阳县苍岭镇某传统村落

3.1.2　山地传统聚落文化表现形式

段德罡等(2009)对传统聚落的地域性有以下几点认识:第一,地域性的概念并非一种结果的描述而更偏向于一种动态的过程,一种因果关系和事件发生的内在机制;第二,传统聚落所呈现出的地域性特征是地域性内涵的外在表象;第三,传统聚落的地域性是在相对漫长的时间内形成的,与地域之间具有紧密的对应关系。因此,对传统聚落文化的地域性研究,应当从聚落的外在表现出发,即从传统聚落景观方面进行研究。

传统聚落景观是指传统聚落内部形态、外部形态及其相互作用的聚落综合体带给人的具体感受和意象(刘沛林,2011)。因此,作者认为山地传统聚落文化的地域性主要表现在聚落的选址与营造、形态与布局、景观与环境等三个方面。

1. 选址与营造

通过对自然环境的考察,根据环境的优劣和特点,选择适合建造聚落的地点,并营造适合居民生活的聚落空间,是人的主观能动性的切实表现,而引导人行为的则是根植于他们内心的精神文化。在这种特色文化的指导下,山地传统聚落的选址与营造呈现出一定的规律性。在渝东南地区,由于地理环境与经济区位的差异,往往形成山村聚落和场镇聚落。其实,这两种聚落分别就是宗族聚落和贸易聚落。前者是靠地缘血缘关系而形成的具有相同风俗习惯与行为规范的自治群体,是一个以传统为准绳的封闭自律的社会;后者由于经济区位条件好,形成了以物资交换为主的商贸集市。因此,通过自然-人文环境与聚落的关系,可以探究山地传统聚落选址与营造的地域性文化。

2. 形态与布局

虽然山地传统聚落的营造受自然环境等先天因素影响很大,但是其建造过程是人为的,必然会受到人文因素的影响,从而导致聚落形态与布局产生更多更丰富的变化。这种变化的产生则是自然环境与人文环境因素综合作用的结果。根据山地传统聚落选址和营造的规律性,不同的山地传统聚落在空间形态与布局上也呈现出一定的规律性。

3. 景观与环境

山地传统聚落的景观与环境是指山地传统聚落及其与周边环境共同形成的综合体,将对人体的感官产生一定的刺激,从而形成一种心理意象。这种意象在地域内的表达是一致的,是区分地域性传统聚落的明显标志,包括山地传统聚落景观意象与山地传统聚落环境意象。前者是指不同建筑类型的空间组合给人的意象;后者是指聚落整体与环境共同作用给人的意象。同样,在选址和营造、形态与布局的共同影响下,山地传统聚落的景观与环境也具有一定的规律性。

3.2　山地传统聚落文化的地域性分析

3.2.1　山地传统聚落的选址与营造

　　历史上,渝东南地区最早是巴人繁衍生息的地方,随着社会的发展,土家族、苗族等民族逐渐成为渝东南地区的主要居民。但是,土家族对巴文化的继承,以及苗族移民对巴文化的吸收,使得风水文化传承了下来,并取得了一定的发展。渝东南地区山地传统聚落的选址与营造,便是根植于这一文化,其目的就是趋吉避凶,寻求理想的人居环境。根据风水理论,聚落选址要察看"龙"、"穴"、"砂"和"水"的空间组合。两晋时期郭璞所著的《地理正宗》(1993)给出了具体的标准:"一看祖山秀拔,二看龙神变化,三看成形住结,四看落头分明,五看脉归何处,六看穴内平窝,七看砂水会合,八看朝对有情,九看生死顺逆,十看阴阳缓急。"清代姚廷銮所著的《阳宅集成》中理想的村落风水模式为:"阳宅须教择地形,背山面水称人心,山有来龙昂秀发,水须围抱作环形,明堂宽大斯为福,水口收藏积万金,关煞二方无障碍,光明正大旺门庭。"(图 3.3、图 3.4)

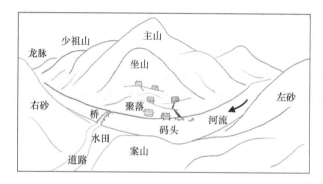

图 3.3　风水理念中有河流聚落的最佳选址

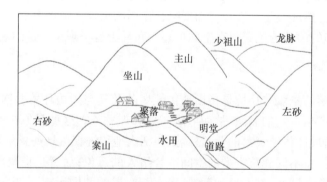

图 3.4　风水理念中无河流聚落的最佳选址

　　总之,觅龙、察砂、观水、点穴、取向等地理五要素是传统聚落与民居建筑在地理环境中形法的代表,其基本要求是"龙要真,砂要秀,水要抱,穴要的,向要吉"。其实,就是传统聚落与民居建筑在选址中所追寻的理想人居环境模式,也是在人们头脑中形成的一种传统聚落或民居建筑的环境景观意象。

1）觅龙

"龙"即山脉，包括山脉的起伏与变化。土是龙的肉，石是龙的骨，草木是龙的毛。理想的龙脉从主山→少祖山→祖山，可一直延伸到昆仑山，延绵数千里(图2.18)。觅龙即在蜿蜒起伏的群山中寻找最佳的地理位置，即龙要真，要景观丰满圆润，温柔敦厚。觅龙时，就是要对山脉进行观察和选择，有山就有气，要找"迎气、生气"的地域，要对龙的姿势、状态、走向进行分析，确定阴阳向背，按凶吉选择具体地点。

郭璞所著的《葬书》认为，大地中的"生气"沿着山脉的走向流动，在流动过程中随着地形的高低而变化，遇到丘陵和山冈则高起，遇到洼地则下降。"穴位"(吉地，也是"龙头")则是"生气"出露于地表并被藏蓄起来的地方。"生气"可以促发万物的生成，有生气的地方能使万物获得蓬勃生机(韦宝畏，2005)，这也是"生气"的意义所在。寻找来势凶猛的"龙脉"，从而将聚落建在这样的"龙头"处被称为"坐龙嘴"，这是聚落选址的最佳位置，其关键意义在于通过良好的自然环境，获得优良的居住条件及进一步的发展空间。渝东南地区的大部分聚落都坐落于这种有"来龙"的位置。

西阳县可大乡七分村就是根据风水选址的传统聚落(图3.5)。该聚落"龙脉"——主山、坐山明显，是典型的"山有来龙昂秀发"。村落背后的坐山是鞍状的两个山丘，这种双峰在风水上被称为马鞍山、天马山，是很好的坐山。背后所靠坐山、主山是一大"来龙"，连绵出峦于此。此聚落朝向好，为坐北朝南，且聚落左有来水弯曲环抱，前有明堂宽大的田野，一派安居乐业的景象，在此形成怀抱之势，并且对面有案山、朝山。

图 3.5　西阳县可大乡七分村

秀山县隘口镇凉桥村(图3.6)选址于山丘河谷之上，其背靠群山"来龙"，前有流水淌过，河对面同样有案山与朝山。聚落前面有一排高大直立的树木，可挡峡谷冬季吹来的寒风；背后远处连绵的"龙脉"，为聚落提供了"安全感"。该传统聚落的民居建筑沿山脚等高线分层布置，层层叠叠、错落有致，宛若一片世外桃源。该聚落坐落在前面的水域稻田与其背后的山脚交汇处，得前面水田平坝之"阴柔"，享背后山峦之"阳刚"。在背后坐山后面，是龙脉延伸过来的主山。其左右有山丘围合成青龙白虎砂，前有水滩怀抱。按风水学选址理论分析，是理想的"风水宝地"。

图 3.6　秀山县隘口镇凉桥村

通常"龙脉"即山脊线,"穴"为山前平洼地带。从现代地理学分析,首先,山脊线即分水岭,分水岭迎风坡的范围内具有集水作用;其次,山前平洼地带,是山区地下水潜藏、出露之地方,非常容易获取(图 3.7)。因此,在水源充足的情况下,植被茂盛,有利于居民的生产生活。同时,聚落的靠山有利于阻挡北方较为猛烈的寒风。因此,这样的位置,不可不说是极佳的聚落营建场所。

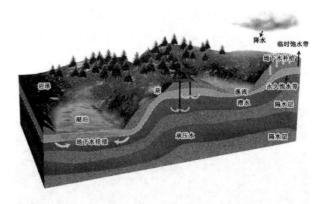

图 3.7　地表水示意图

2) 察砂

"砂"即主山四周的小山、丘陵,其目的是护卫吉祥地——穴位不受侵害。按方位而论,以四方星宿定名为青龙、白虎、朱雀、玄武四个"砂"。青龙位于左边,故称作左青龙,又可称作左肩、左臂、左辅、左翼;白虎位于右边,故称作右白虎,又可称作右肩、右臂、右辅、右弼;朱雀位于前边,故称作前朱雀,又可称作宾山、前山,包括案山、朝山;玄武位于后边,故称作后玄武,又可称作后山、后展、背山,包括主山、坐山(图 2.18)。以其护卫区穴,不使风吹,怀抱有情,不逼不压,如云"青龙蜿蜒","白虎驯","玄武低头","朱雀翔舞"。《青囊海角经》中认为"龙为君道,砂为臣道;君必位乎上,臣必位乎下;垂头俯伏,行行无乖戾之心;布秀呈奇,列列有呈祥之象;远则为城为郭,近则为案为几;八风以之而卫,水口以之而关"。这充分表达了龙与砂的关系及砂的环境景观意象。

"察砂"主要是考察聚落周围环护的小山对聚落形成的空间围合关系,要求左右"护砂"与"上砂",即青龙、白虎、玄武三砂的山形要高、大、长,这样才能收气挡风;"下砂"即朱雀砂则要相对矮小、秀美,小巧玲珑,这样才能迎风纳气。三面环山、明堂中开,且前方仍有小山与远山的地形,以达到聚落"乘生气"的目的(图 3.8)。水口,又名水口砂,为水流去处的两岸之山。水来处为"天门",水去处为"地户",水口喻为气口,既须险要,又须至美、壮观(图 3.9)。

图 3.8 秀山县海洋乡坝联村　　　　图 3.9 酉阳县龚滩古镇"水口砂"

风水学讲求各种因素相互作用的平衡,"聚气"的同时,也必须注意"气"的疏散,这样才能够符合循环往复、万物运行的规律。"上砂"高大和"下砂"低矮的空间配合则充分体现了风水的内涵。从现代地理学角度,在气候方面,"上砂"高大有利于阻挡冬季北方猛烈的寒风,使得聚落气温相对温暖,特别是青龙要比白虎高大,不但冬季能挡风避寒,而且夏季能减少太阳的西晒,起到冬暖夏凉的作用;"下砂"低矮则有利于暖湿气流的深入,使得聚落利用高大"上砂"的迎风作用获得足够的降水。在地形方面,"上砂"高大险要的地形有利于防御敌人的入侵,"下砂"低矮则有利于聚落同外界的沟通联系。

3)观水

"水"指穴前水源及湖泊、河流等水系。山能迎气生气,水能载气纳气。水被视为"地之血脉,穴之外气"。《葬经》中对水的解释为:"风水之法,得水为上,藏风次之。"可见"水"在风水相地中具有十分重要的地位,故有"未看山时先看水,有山无水休寻地"之说。"观水"的本质就是对水的来源、走势和质量等三个方面进行考察分析,对水势的要求是"来要生旺,去要休困",即来水要茂盛而去水要缓慢,便于"留财"。

水的意义在于为人类社会提供必需的生存资源。"观水"体现了风水文化的资源观,资源则是一切发展的根本因素之一。山为阴,水为阳;山是景观之筋骨,水是景观之血脉。山水和谐是聚落生态平衡的关键。有山无水,纯阴不生。有水无山,纯阳不长。山环水抱,阴阳交融,万物生长。

渝东南地区地处武陵山区,林木繁盛,沟壑纵横,分布着大大小小的众多河流。丰沛的自然降水使山泉涌动至低洼处汇集成无数的小溪河。在溪河蜿蜒的两侧,通常是冲积形成的洪积扇、堆积阶地平坝。在渝东南地区的河谷地带,许多传统聚落都选择在河流弯曲的内侧。据地质学、水文学考证,此处地质构造较为稳定,足以阻挡流水的冲刷,使之转向而去,同时以堆积为主,可扩大聚落建设用地及生产用地范围,故适合建造永久性的聚落,并使聚落三面环水,不仅方便生活用水也利于交通运输。这里的水还具有滋润植被、改善聚落小气候的作用,致使聚落环境得天独厚,经济社会相对发达。酉阳县西水河镇后溪村、河湾村,以及秀山县石堤镇水坝村的聚落选址均属此种类型(图3.10~图3.13)。

图3.10　酉阳县西水河镇河湾村

图3.11　酉阳县西水河镇后溪村

图3.12　秀山县石堤镇水坝村

图3.13　黔江区濯水古镇

4)点穴

"穴"是生气、凝气的地方,是基地的中心,称为"穴眼"、"穴场"或"明堂"。"穴者,山水相交,阴阳融凝,情之钟处也。""穴"是龙脉之聚结,大聚为都会,中聚为大郡,小聚为村镇、阳宅,要求"形来势止,前亲后倚",即"穴眼"枕山面水,地势宽广舒畅,相对平坦。"点穴"的本质是确定最佳的风水格局,也是最后确定聚落、建筑基址的地点。"点穴"类似现代的城乡规划学,主要考察山水等自然环境要素的空间组合配置。"觅龙"、"察砂"和"观水"是寻找穴位的充分条件。除此之外,传统聚落的选址建造在具备以上三个条件的基础上应当具备必要条件,即选择三者配置合理的地点营造发展。从现代规划学的角度来看,即实现聚落的规划兴建。除了该三个条件的合理配置之外,最重要的就是该地能够提供足够且良好的资源与环境,满足聚落的发展。其中,最重要的是有足够的聚落建设用地,同时还应该包括:①丰富的资源,包括耕地、水、动植物、矿产及交通资源等;②优良的环境,主要指自然灾害少,气候宜人。"点穴"要求很精准,找到一个很好的穴是十分难的,故有"三年寻龙,十年点穴"之说。通过"点穴",渝东南地区的聚落多分布在山脚或半山腰的中心位置,就源于此。

秀山县清溪场镇大寨村背后所靠坐山、主山是一大山来龙,且聚落左有来水弯曲怀抱,前有十分宽广的稻田——明堂,对面有案山、朝山,左右有山丘围合成青龙白虎砂,在此形成怀抱之势(图 3.14、图 3.15)。

图 3.14 秀山县清溪场镇大寨村鸟瞰图

资料来源:秀山县规划局

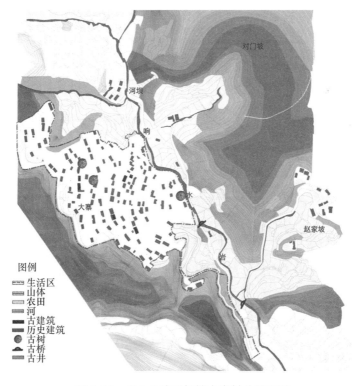

图 3.15 秀山县清溪场镇大寨村总平面图

资料来源:秀山县规划局

5）取向

取向是指在聚落位置选定之后,确定朝向。取向才能看出"龙"、"穴"、"砂"、"水"的贵贱好坏,然后通过阴阳卦来推算。无论是渝东南传统聚落中的建房还是立坟,都要请风水先生来勘察并且用罗盘测定,即取向,从而确定是不是"风水宝地"。

取向的问题,其实就是获得日照时数多少的问题。不论是南方还是北方,传统聚落的取向都是向阳的,其细微差异在于向阳时间的多与少。传统聚落的取向之所以朝南,是因为在夏季能够尽量减少太阳的直接照射,有利于降温(夏季太阳高度角较高,屋顶檐口有遮挡作用),而冬季可增加太阳的直接照射,有利于增温保暖(冬季太阳高度角较低,阳光通过屋顶檐口下方可直接照射到室内)。然而南北方传统聚落的取向还是有一定差异的:北方聚落尽量朝南,而南方聚落的选址并不一定选择最大限度采光的场所。南方的夏季炎热,通常传统聚落的取向设计是可以适当减少太阳照射的时间,同时,冬季也没有北方寒冷,聚落也没有强烈的获取太阳热能的需求,仅仅是通过一定的照射,去除潮湿的空气。因此,从实际情况看,渝东南地区的传统聚落取向各不相同,但最终还是向阳的。

6）风水的培护与补缺

风水格局是理想的,而大自然是千变万化的。当理想与现实有一定差距时,风水学则认为可以利用某些人工的方法,通过风水的培护与补缺,使有瑕疵的地方也成为"风水宝地"。

风水的培护,主要是针对风水格局的关键要素和关键景观进行修饰。不外乎是"龙脉"、"朝案"、"龙虎"、"水口"和"穴场"周边因为具有灵气而呈现出特异景观的砂与水,主要为"龙脉"、"龙虎砂山"、"朝案砂山"及景色特秀之砂的培护,以及水口培护。例如,渝东南地区与水相依的村落,风雨桥起着重要作用,不仅是村镇与外界联系的重要交通通道,而且从风水学上讲,风雨桥能"锁住水口",将"财"留住(图 3.16)。林木、池塘、风雨桥,这些聚落景观,不但具有风水意味的吉祥寓意,更重要的是能起到村落与自然环境的平衡作用。

图 3.16　黔江区濯水古镇风雨桥

风水的补缺,就是风水学总结出一套修护补救之法。通过趋全避缺,增高益下,以人力之巧,来修其所废,弥其不足,从而达到扼制和延缓风水自然衰退的目的,包括"龙脉"、"主山"、"龙虎砂"及"朝案砂山"的修补整形,明堂的拓展、水的改良、水口的改善等。池塘可以使聚落聚财,对于池塘的形状,不可以是方形,不能上大下小如漏斗状,也不能小塘连串如锁链状,而且池塘要距离聚落有一定心理距离,否则不吉。

从资源环境科学的角度来分析,风水的培护与补缺其实是为了获取某种先天缺乏的环境资源。以聚落当中的风雨桥为例,由于渝东南地区山高谷深,传统聚落大多布局于山间河谷地段。传统聚落的产生与发展离不开耕地,通常河谷一侧供布局聚落,而另一侧则提供一定的耕地。风雨桥的产生,可以说是一种交通资源,是连接聚落与耕地的必要路径。同时,风雨桥也为传统聚落联系河流两岸人员、资源提供了必要途径。

古往今来,凡是交通要道大多成为重要的商贸之地,经济发达。风雨桥作为连接外界的通道,具有交通功能,因此,这便是留"财"的表现之一。

7) 喝形之法

古镇、古村的风水观念,也体现在聚落形态对某些吉利物象的模仿上,这在风水上称为喝形。它是对山川河流的形象进行类比,然后依状喝形,再依形进行风水操作。也就是说,人们在营造聚落时,聚落的要素根据某些事物的形状来构建。从某种意义上讲,喝形追求的是意境的美感和景观的完整性,即聚落与山水的结合,"龙脉"、"砂"和"水"等景观要素的完整。

火烧溪位于酉阳土家族苗族自治县苍岭镇大河口村三组,坐落于阿蓬江国家湿地公园的核心区。该村落民居建筑多为坐南向北,横亘山脚一缓坡上。苗寨后有背山,前有开阔的水田坝作为宽大明堂,占据形似"阴阳太极"图半岛的山腰,三面地势陡峭,周围有风水林围绕,具有十分典型的渝东南传统聚落景观意象与美感(图 3.17)。

图 3.17　酉阳县石泉苗寨的喝形之法

总之,聚落在选址时应要求"群山环绕,负山襟水,明堂宽广,设险防卫"。在营造时应坚持总体协调原则、因地制宜原则、形势并重原则、相土尝水原则、辨正方位原则、藏风聚气原则、防止冲煞原则(防止视觉污染,以求心态平衡)、绿化掩映原则等。其目的就是寻求一种经济、社会、生态相互协调发展的理想人居环境模式。

3.2.2　山地传统聚落的形态与布局

地形是影响聚落形态的首要因素,渝东南山地传统聚落根据其平面形态可以划分为以下三种：①团状聚落；②带状聚落；③散点状聚落。同时，聚落的形态变化也受到经济因素的影响，从而使聚落的发展产生变化。通过研究发现，不同形态的聚落在布局结构上具有不同的特点，其表达的特色文化也不尽相同。

1）团状聚落

团状聚落是一种主要的聚落类型，其产生与流行有其独特的原因。在原始社会，部落为防止受到野兽和敌人的攻击，需要建立一个相对封闭的聚落空间，而团状聚落与带状聚落或散点状聚落相比，在相同面积条件下，团状聚落的边界长度最短，有利于部落建立防卫圈。因此，团状聚落成为各部族聚落的主要形态。团状聚落主要存在于地形条件较好的平坦地区，只有足够开阔的区域才能形成面积较大的团状聚落，并且数量较多，密度较大（图 3.18）。对于渝东南地区而言，广大的山地面积阻碍了团状聚落的产生与发展。但是，渝东南地区的少数民族充分发挥了聪明才智，利用长期适应环境的结果——穿斗式木构架房屋，因势利导，错落有致，建造了较为特殊的山地团状聚落（图 3.19）。通常，平坦地区的团状聚落整体高差小，面积较大，而山地团状聚落是在平坦地区团状聚落的基础上，因地形的影响而进行的特殊演变，其内部存在着显著的高度差异，一般面积较小。

图 3.18　平原团状聚落

图 3.19　渝东南山地团状聚落

从聚落平面形态来看，平坦地区团状聚落接近圆形或方形，其聚落形态大多由人为因素决定，或任由聚落自行发展而成。而渝东南山地团状聚落平面形态则是由地形因素决定的。根据风水观念，传统聚落的选址要考虑"觅龙"、"察砂"和"观水"等因素，因此，聚落形态受制于山与水。依据山水与聚落的位置组合，广义的山地团状聚落可存在两种形态：封闭式山地团状聚落、开放式山地团状聚落（图 3.20）。封闭式山地团状聚落，其发展规模受到严格的地形限制，属于典型的山地团状聚落；开放式山地团状聚落一般位于山区地势相对平坦的区域，受地形限制较少，其发展空间较大。

渝东南团状聚落因受地形影响，其结构布局没有统一的形式。但是，当地的土家族、苗族等少数民族具有典型的宗族血缘观，十分注重长幼尊卑与礼制。因此，族群中辈分高、具有威望的长者居住于聚落核心，而辈分低的人则围绕长辈的建筑布局。政治制度也是影响聚落内部格局的重要方面，土司制度下的传统聚落就是很好的一个例子。土司作为地区的首领，具有最高的权力与威望，位于聚落内部的核心区域。

图 3.20　封闭式山地团状聚落与开放式山地团状聚落

2）带状聚落

渝东南地区河网密布,河谷地形对聚落的形态影响很大,聚落一般沿河谷坡地同一等高线布局,从而形成带状聚落。除此之外,有的聚落沿重要的交通线布局,也形成了带状聚落(图 3.21)。

图 3.21　酉阳县南腰界乡带状布局

风水学不但注重聚落选址与自然环境的协调,而且还关注聚落内部空间的布局,其中"龙、砂、水、穴"在聚落内部也有其踪影。带状聚落的选址与营造,起初也是遵循风水理论,选取吉址佳穴。但是,沿河流而建的聚落因受水路的影响、经济因素的作用而产生形变,狭长的聚落破坏了风水格局。为此,当地居民灵活应用理论,对聚落进行培护、补缺。民居中屋宇、墙垣及道路等建造便是很好的补缺方式。例如,清代姚廷銮所著的《阳宅集成》中就有"万瓦鳞鳞市井中,高屋连脊是真龙"的说法;清代林牧所著的《阳宅会心集》也有"一层街衢为一层水,一层墙屋为一层砂,门前街道即是明堂,对面屋宇即为案山"。正是基于这一理念,山川形法的许多内容,都被相应地加以变通引申,运用在井邑之宅的外围环境景观之中。井然有序的街道,形成人、车、畜流动的"弱水",而整齐中略带参差不齐的屋脊连成蜿蜒游走的"龙脉",互为对景的街道两侧房屋屋顶,形成对景案山(周亮,2005),使得聚落与自然环境相互补充,形成一个合理的有机整体。

龚滩古镇位于酉阳县西部,坐落于乌江与阿蓬江交汇处,是古代川(渝)、黔、湘、鄂客货中转站,在历史上曾经起着非常重要的作用。龚滩古镇有着 1700 多年的历史,深厚的文化底蕴使其成为具有代表性的历史文化名镇,被称为"重庆第一古镇"(图 3.22)。古镇

的诞生与巴人、土家族有着密不可分的关系,是当地少数民族利用风水理论,择吉地而建
造的结果(图 3.23)。

图 3.22　酉阳县龚滩古镇带状布局

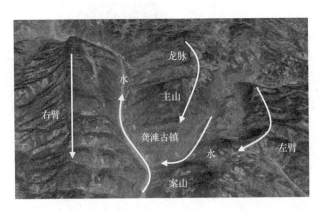

图 3.23　酉阳县龚滩古镇风水格局

　　通过图 3.23 可以发现,龚滩古镇的选址是风水文化精髓的具体体现。古镇坐北朝
南,位于"龙脉"之首;聚落背部主山明显,前有案山相对,左右护臂(左砂、右砂)齐全;同
时,其间有流水环绕。因此,龚滩之地是不可多得的吉地。从现代地理学角度,该聚落适
合人类的居住发展。第一,聚落所在的主山提供了一个绝佳的屏障,即阻挡来自北方较为
猛烈的冷气流。第二,聚落周边的山脉与河流形成的河谷通道,为聚落提供了一个天然的
大气环流走廊。在夏季,河谷内的气流循环可以带走热量,为聚落提供一个良好舒适的环
境。第三,河道是古代山地地区快捷的通道,河道的存在有利于聚落对外的沟通。同时,
充沛的水资源为聚落的发展提供了良好的条件。

　　优越的地理位置及通畅的乌江航道,使得龚滩古镇逐渐成为水陆易货的重要节点。
码头经济的产生与发展,推动了古镇形态的变化。经济的发展需要额外的人力资源,人口
的聚集客观上要求扩大古镇的规模。由于背靠山体,古镇水平向发展的阻力远远小于垂
直向发展,并且水平向的发展有利于码头用地的扩大,有利于提高水陆易货的效率,古镇
因此呈带状发展。这也是渝东南地区其他带状聚落普遍的发展模式。

3）散点状聚落

散点状聚落的形成主要是受恶劣的地形因素影响，或是由于聚居的居民较少。在较大的范围内不同的海拔高度上零星分布着民居建筑，形成独家独院的景观。该类型聚落整体上看，不符合风水选址的规律，并且内部由于民居建筑距离较远，布局也无规律可言。但是，该类型聚落的民居单体建筑却无不体现着聚落选址的风水理论（图 3.24），是聚落文化的微观体现。散点状聚落的民居建筑单体在选址上遵循了"龙、砂、穴"要点。而且民居建筑单体的营造，也遵循了风水的培护与喝形。

图 3.24　山地散点状聚落民居单体

在渝东南地区，广义的山地存在山地、平坝、河谷三种不同地形，因此，团状聚落、带状聚落、散点状聚落也会形成不同的景观形态。

3.2.3　山地传统聚落的景观与环境

1. 聚落与自然的和谐统一

聚落是文化作用的产物，通过聚落景观，也就是聚落与自然环境的关系，可以发现文化对处理聚落与环境关系的影响。周卫东和姚芳在《湘西土家族民居聚落中的"道"与"礼"》一文中对土家族传统聚落——劳庄进行了分析，证明了道家思想对湘西土家族聚落选址与格局、整体功能布局、建筑环境和建筑空间，以及建筑材料等方面的影响；阐述了在道家思想影响下的湘西土家族传统聚落格局特征。

其实，我国文化的形成与发展，是主流文化与非主流文化相互促进的结果，是主流文化不断吸收其他文化的优点而促进自身发展的一个过程。作为主流的儒家与道家文化，对我国传统聚落的形成产生了十分巨大的影响。

1）儒道文化的精髓

儒家思想是对中国影响最大的思想，也是中国古代的主流意识。儒家思想的内涵丰富，是历经数朝数代不断丰富完善而形成的。汉武帝时期，董仲舒吸收了道家、法家等思想，对儒学进行了改造。其思想内核即哲学上的天人观念，即"天人合一"：天是道德观念和原则的本原，人心中天赋地具有道德原则，这种天人合一乃是一种自然的但不自觉的合一。"天命论"是儒家另一思想，即认为自然变化、社会运行和人的命运被某种超自然的力量主宰，人必须而且只能屈服和顺从它。"天命论"包含了人类最早的环境观。儒家思想是统治中国 2000 多年的思想文化,其服务于封建帝制,但不得不说,其文化思想有着正确认识自然、处理人与自然的关系,以及服务于人的生存和发展的观念。人与人的处世之道犹如人与自然:善待他人,才能尊重自己;尊重环境,才能和平相处。

道家崇尚自然,含有辩证法的思想,主张清静无为,反对斗争;提倡道法自然,无所不容,自然无为,与自然和谐相处。在道家来看,天是自然,人是自然的一部分。因此,庄子说:"有人,天也;有天,亦天也。"天人本是合一的。道家思想中,有"清静无为"、"返璞归真"、"顺应自然"、"贵柔"等主张。老子说:柔弱胜刚强、上善若水。自然刚强,人相比于自然则处于弱势,人类顺应自然,才能利用自然,战胜恶劣的自然环境。"人法地、地法天、天法道、道法自然",人、天、地、道、自然之间的关系就被老子用这样一句简单的话概括出来。既然世界的本源都要从自然中探索渊源,从而处在天地环境的人,就更要遵从自然的造化和自然融合(任建军,2006)。道家思想是我国古代思想的重要组成部分,推动了儒家思想的发展,促进人类正确认识自然、同自然相处,是人与自然正确相处的法则。

从渝东南地区传统聚落来看,聚落的景观与环境、聚落中人的行为与环境均体现出了儒道文化的精髓。从景观角度看,渝东南地区传统聚落藏匿于山林之中,聚落的高度低于周边的树木;聚落营造的建材取之于周边的森林、岩石与土壤,聚落景观的颜色与环境协调统一。当地居民没有因为自身的喜好,而将聚落与环境的景观差异化,如建造高耸的建筑及具有鲜艳色彩的建筑。从聚落中人的行为来看,聚落中建筑的营造没有刻意追求固定的形制,而是根据具体的地形进行设计,同时建筑让位于农田。对于农田的开垦,也是十分有限度的,没有破坏自然景观(图 3.25)。

图 3.25　传统聚落与环境的和谐统一

2) 聚落景观与环境的地域性

(1) 依山傍水的山地特征。渝东南地区河流纵横,溪流密布,峰峦重叠,地形崎岖复杂,呈现出奇峰竞秀、山水相依的景象。崎岖的地形形成了独特的山地传统聚落特征。"依山傍水,房屋有腿"、"借天不借地,天平地不平"等谚语是渝东南山地传统民居聚落的真实写照。所谓"依山傍水,房屋有腿",就是传统民居及其聚落在选址、布局时,充分考虑并合理利用当地的地形地貌特征,有相当部分聚落布局在山水相依的带状阶地上,背山面水,采用吊脚楼的建筑形式,营建成具有重重叠叠、错落有致特征的山地传统民居聚落(图3.26)。所谓"借天不借地",就是指在起伏地形上建造房屋时尽量少接地,减少对地面的损害,力求上部发展,开拓上部空间,如吊脚、架空等建筑形式。所谓"天平地不平",即指房屋的底层力求随倾斜的地形变化,减少改变地形,从而形成吊脚的建筑形式。为了解决地形高差等问题,建筑空间形态都会随地形产生相应的变化。山体常作为传统民居聚落的有机组成部分,而建筑又与山体结合组建成不同的空间形态,形成了视觉上的统一。

图 3.26 背山面水(田)的山地传统聚落

总之,从渝东南地形地貌条件来看,高低起伏的山地丘陵和蜿蜒曲折的河流构成了整个区域的自然形态。大多数聚落的用地条件都十分恶劣,缺乏平整且具规模的用地。为了尽可能地适应这种特点,传统聚落在布局上不得不做出妥协和调整,它们"虔诚地匍匐"在天地之间,尽可能地利用一切可建设的用地,向恶劣的地形争取空间,形成了各种自由灵活、依山傍水的山地聚落形态。通过这种方式,聚落的营造既保护了自然环境,削弱了对环境的干预,减少了次生灾害的发生,也满足了自身生产与生活的需要。这便是"顺应自然"的体现。

(2) 耕地至上的邻农特征。对于传统聚落而言,聚落最基本的功能有两点:一是生产功能;二是生活功能。生产活动是人类发展的支撑。人类必须利用土地方能生存,最早的人地关系是个人和土地的结合。人类生活从游牧转向定居,土地开发是首要条件。中国封建社会土地所有制使人们产生了牢固的土地观念。在以土地为主要资本的农业社会里,人们对土地的超高价值产生深刻的崇拜。

渝东南山地传统聚落的邻农特征主要表现在聚落的选址和布局形态两个方面。聚落选址以近地、靠山、邻水、向阳、不与农业争地为原则(图 3.27)。武陵山区,山高谷深,平地很少,农业土地资源十分宝贵,所以聚落选址一般都在靠山的山脚或半山腰。聚落布局形态大多呈现簇群与分散相结合的形式(图 3.28)。传统聚落建造时,当地居民遵循了和谐统一的理念,在合一的基础上,通过"贵柔"理念以弱胜强,改造自然,满足自身的需求。聚落内部民居形态各异、聚落形态灵活多变便是对自然环境适应的最佳体现。

2. 聚落与建筑的传承和发展

中国传统聚落与民居建筑的发展一般基于"选择-范式-模仿-改进"的模式。首先,通过长期自然筛选,形成一种符合经济技术条件和生活方式的基本形制和建构方式,这种方式得到广泛的认同和大量建造,逐渐成为一种范式(王昀,2009)。渝东南山地传统聚落与民居建筑的发展也是基于这种发展模式,其范式是基于需求、条件限制(自然条件和经济技术条件)、民族特质和文化,经过长时间的自然选择自发形成的。

图 3.27　秀山县海洋乡田家沟村
资料来源:秀山县规划局

图 3.28　秀山县清溪场镇大寨村传统聚落簇群式布局

其实,渝东南地区传统聚落发展的范式来自于汉族的"间"和"院落",即"围护构件→间"的单体空间结构关系、"间→厢→院→聚落"的整体空间结构关系(图 3.29)。渝东南地区的先民按照这种范式进行建造,并根据具体的情况和使用需求进行局部的调整和改进,如采用吊脚楼的形式进行分层筑台、顺势架空。传统聚落正是在这种模仿-改进的循环中,随时间的推移平稳而缓慢地演变发展,并在一段较长的时期内保持相对稳定的范式,从而形成了具有相似性的统一风貌。

从某种意义上讲,渝东南地区山地传统聚落蕴含了汉族"院落"空间的特征。其含义主要是:淡宗教而浓伦理与礼制,重人本精神与实用性(伍国正等,2011)。正如 Rapoport (2007)在其著作《宅形与文化》中所说的:"社会文化是决定居住形式的主要因素,气候、物理条件只是修正因子。"因此,渝东南地区传统聚落及其民居建筑的空间特征只是在汉族传统院落民居及其聚落的基础上,因受到当地特殊地形条件的限制而进行的修正,包括简化和功能的调整。

从自然环境角度看,自然环境提供了发展和限制两个因素。渝东南地区少数民族文化对汉文化的汲取受限于自然环境,并且通过自然环境促成了某些方面的发展。历史上,汉族的"间"和"院"住宅具有良好的居住适宜性,对于相对落后的渝东南地区而言,这种住

图 3.29　渝东南地区由"间到聚落"的发展过程

宅是先进的。当地少数民族对汉文化的学习,也发展了适宜自身的住宅。受限于自然环境,坡多平地少。因此,汉族"院"的形态在该地区发生变化,产生了如"三合水"、"钥匙头"这种简化的"院",其实就是在一定限制条件下的发展,表现出了一种动态性和兼容性。民居是组成传统聚落的细胞,民居形态的差异,便导致了传统聚落空间形态也存在一定的差异。

聚落的生长与发展是时间推移、人口增加、民居建筑增多的结果。虽然渝东南民居多种多样,但其最基本的构成单元是"一明两暗"的"间"空间。经由"间"转化组合而成"院"空间,院空间随即又组合形成合院空间,合院空间的组合又形成院落组空间,院落组与道路的组合形成地块,与街巷的组合形成街坊空间等,这样一步步组合最终形成不同形态的聚落主体。因此,"间→院→合院→院落组→地块→聚落"这一系列空间要素便组成了"群"。

这个"群"既是聚落内各要素的集合,也是聚落景观体现的文化的集合。"一明两暗"中暗的空间承载的是民族文化中个人隐私的文化;院的文化则是体现了家族内开放交流的文化,家族隐私则由于院的产生而与外界隔离。同样,聚落则代表了内部的等级、沟通交流形式,部族的隐私由聚落同外界隔离。这个文化"群"充分体现了文化的等级,由个人到家,再到家族、部族,隐私的重要性逐渐减弱而开放性增强。

聚落空间中不仅不同层次上的空间要素存在差异,而且同层次上的不同要素也有区别,这些差异和区别以不同于"群"的结构方式,使不同的聚落空间形态呈现出不同的"序"特征。合院是"序"结构的最初体现:间与厢、门与堂的位置区分和形制变化导致尊卑主次的基本空间等级;一虚一实,一放一收构成最简洁的空间序列;合院沿中轴的并接生长不但形成最基本的空间演化,而且是以合院为单元的空间等级与空间序列的重复和强化,并且还进一步在合院之间造成新的等级序列和空间序列。

"群"和"序"的结构原型,与空间要素的形状、大小、空间位置等物质形态密切关联。但空间结构中还同时存在着空间要素在空间范围上的连通、邻近、包含等抽象的关系,以及在组织关系上的相似相仿的对应和变换关系,这些关系与空间具体精确的属性并没有太紧密的联系,而是与拓扑学中——对应下的连续变换的性质息息相关;这些关系是以点与点之间的联系、线与线之间的相交、面与面之间的界定为基础的。它们的原型就是"拓扑"。"拓扑"作为民居聚落空间的结构原型之一,主要体现了空间各要素之间的拓扑变换,以及要素之间及要素与整体之间的连通关系和相似关系。渝东南山地传统民居聚落,由于受到地形的影响和限制,通过拓扑变换形成了以下三种空间形态:团状聚落、带状聚落与散点状聚落。

综上所述,渝东南地区聚落的景观与环境意象,从聚落与自然、聚落与建筑、建筑与建筑等方面,体现出我国儒道文化的精髓、聚落文化的发展历程及少数民族文化的特质。总体上看,渝东南山地传统聚落给人的景观与环境意象是井然有序、人与自然的和谐统一。

3.3　本章小结

通过运用风水学理论、儒道思想理论及群-序-拓扑理论,对渝东南地区山地传统聚落文化的地域性进行了系统性分析。研究发现,渝东南地区的传统聚落在选址时遵循了风水理论,即觅龙、察砂、观水、点穴、取向;在营造时,根据聚落选址的不同,呈现出了不同的特点,如紧邻河流的聚落是条带形的,而腹地的聚落则更多的是呈团状和散点状。在此基础上,聚落营造在儒道文化及地形限制等因素的综合影响下,形成了典型的依山傍水、邻农的特征。而成熟的聚落则是通过民居建筑的相互模仿与改进,规模由小到大、由低级向高级发展而成的,达到了天人合一、和谐相处的境界。

由此不难看出,渝东南山地传统聚落之所以具有自然性、秩序性、动态性与兼容性,从深层哲理层面分析,是长期受阴阳思维影响的结果。但是,其中也渗入了不同程度的神秘与迷信。因此,在全球化、信息化的今天,应当结合先进的科学技术,揭开其朦胧的面纱,给予科学的注释与评价,取其精髓,去其糟粕,将有助于发掘传统的城市规划与建筑设计理论,把规划设计与建筑创作提高到一个新的高度。

第4章 渝东南山地传统民居建筑文化的地域性

民居建筑相当于聚落的细胞,相比于聚落所体现的宏观层面的地域性文化,传统民居建筑则是微观层面的表现。通常来说,细节是区分相似事物本质差异的决定性因素。因此,从传统民居建筑出发,不仅能够详尽地了解当地的历史文化底蕴,而且还能够更加深入地探究传统民居的地域性特色。本章主要以渝东南土家族传统民居建筑为例,探析其建筑文化的地域性。

4.1 山地传统民居建筑文化内涵及其表现形式

4.1.1 山地传统民居建筑文化内涵

山地传统民居建筑是生活在山地的人们经过长期的生产生活而创造出的一种独特的蕴含着人类与自然相互协调、共同发展哲理的一种以居住类型为主的建筑形态,是一个地区人们的精神面貌和文化素养的综合反映,具有历史性、延续性和地域性等特点。实际上,山地传统民居建筑文化是一种山地居住文化。从广义上来讲,它是由山地居民、山地民居建筑、山地自然环境、山地人文环境四大要素相互作用、相互联系共同构成的一个复杂系统;从狭义上讲,它是不同历史时期当地居民与民居建筑之间相互关系的总和,而山地人文环境与山地自然环境仅仅作为外因来起作用。本章将从狭义的角度进行解读。

山地传统民居建筑文化的形成是传统民居建筑文化中关于山地独特地域特色的物质文化和精神文化的融合,是在山地自然环境与山地人文环境二者共同作用下所形成的具有山地特色的建筑选址、建筑体形、建筑形制、建筑结构、建筑构造、装饰艺术、营建技艺、空间形态和建筑理念。从某种意义上讲,可以把山地传统民居建筑文化称为位于山地之上的建筑文化,即位于山地这种特殊自然-人文环境的传统民居也会孕育出具有鲜明地域性特色的山地传统民居建筑文化,体现了山地传统民居物质形态与意识形态之间的关系和内涵。

从文化学的角度,具有特殊行为的人类活动都可以从文化的层面进行解读。因此,作者认为山地传统民居建筑文化研究的重点是建筑营造、建筑空间及其景观意象三个方面所体现的文化。

4.1.2 山地传统民居建筑文化表现形式

山地传统民居建筑文化首先是通过建筑本身来表现的,其次是通过建筑以外的景观与环境来表达的。

从建筑本身来看,建筑文化包括建筑营造和建筑空间两个方面所体现的文化。建筑营造是一个复杂的系统工程,其体现的文化主要包括建筑选址、建筑体形、格局形制、建筑结构、建筑构造、物理环境、装饰艺术、建造技艺和建造习俗等方面,由于建筑选址与第3章的聚落选址相同,本章将不再赘述;建筑空间所体现的文化主要包括堂屋、偏房、吊脚厢房、辅助房、山门、院坝等方面。图4.1表现了渝东南土家族传统民居的基本构成。

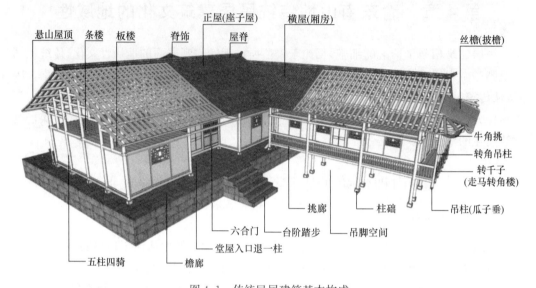

图 4.1 传统民居建筑基本构成

资料来源:重庆市规划局,重庆大学.2010.重庆土家族传统民居建筑风貌应用导则

从山地传统民居建筑整体出发,研究其布局及景观与环境意象所包含的文化信息是必要的。其实,传统民居建筑的景观与环境意象同传统聚落的景观与环境意象有着十分密切的关系,聚落的景观与环境意象是建筑的放大,由于第3章讨论了渝东南地区山地传统聚落的景观与环境意象,本章将不再赘述。

4.2 山地传统民居建筑营造的文化地域性分析

4.2.1 建筑体形

建筑体形是指建筑物的轮廓形状,反映建筑物外观总的体量、形状、比例、尺度等之间的相互协同关系及其空间效果。渝东南传统民居建筑体形具有丰富多彩、轻盈空透、自由灵活、朴素典雅等特征。

1. 体形与大自然的完美融合

在漫长的历史长河中,当地先民发挥聪明才智,充分认识并合理利用渝东南地区独特的自然环境,营造出体态轻盈空透、布局自由灵活的传统民居建筑。在绿树成荫的群山之间,在清澈明亮的溪河之畔,成团、成族分布的民居建筑群,或零星点缀的几栋吊脚楼,与大自然完美融合,真是鬼斧神工。宛如一幅美丽的山水画,在你眼前徐徐展开,让人惊叹!让人佩服(图4.2)!

图 4.2　传统民居与大自然的完美融合

1) 建筑依山就势，与地形紧密结合

要使建筑与自然环境协调统一，融为一体，就必须尊重并结合当地的地形地貌。而紧密结合地形，又必然会产生出各具形态的建筑。渝东南地区山高谷深、崎岖陡峭，民居建筑若不与地形紧密结合，则无立足之地。"扶弱不扶强"是民间建房的口诀，具有朴素的哲学思想。地形一方面限制了建筑，另一方面也给建筑带来了生机。地形高差是促使吊脚楼形成的一个重要因素，而地形不规则，往往也会带来不规则的建筑外形。其实，这就是渝东南居民具有的一种尊重自然、回归自然、追寻"天人合一"理想境界的朴素的建筑哲学观。

2) 建筑的体量、尺度、比例与自然的和谐统一

体量、尺度与比例是反映建筑体形的重要因素。渝东南地区山高谷深、流急滩险，地形十分复杂。对这些大山大水、陡崖巨石体现出的超人尺度和巨大的体量，先民是由衷地敬畏。在这种心理的支配下，建筑的体量与尺度只能是臣服于"超人"尺度之下，虔诚地匍匐在自然山水之中。渝东南地区无论是传统聚落，还是民居建筑，其体量、尺度与比例都反映出对大自然的遵从和敬重。

3) 材料、质感、色彩与自然融为一体

渝东南传统民居营建往往就地取材、量材而用。天然的木材、石料、青砖、灰瓦等建筑材料，造就了与自然界浑然一体的建筑形象。传统民居的质感既丰富多变，又协调统一；色彩朴实无华、清新典雅，从不矫揉造作、华而不实，谦逊地依附在广袤的山水之间，默默地展示着轻盈空透的身姿，静静地聆听着人们的评说（图 4.3）。

2. 体形与功能的有机结合

"形式追寻功能"在渝东南地区体现得淋漓尽致。功能一般包括主体功能和辅助功能。前者对建筑体形具有决定性的作用，后者往往导致建筑空间形态的丰富性。民居建筑的主体功能是比较单一的，堂屋是活动空间，卧室是居住空间，带火塘的房间是起居空间，这使得民居建筑的主体部分的立面呈现"程式化"；而由于主体空间的进深较大，它在体量上显示出主体建筑的地位。辅助功能内容十分广泛，主要包括用作厨房或储藏功能的偏偏房、拖水，以及饲养猪、牛、羊等的牲畜房。它们的空间体量一般比较小，因此安排这些辅助空间时，就有很大的灵活性。其实，吊脚楼也是为满足辅助功能的要求而出现

的,这在很大程度上丰富了建筑的造型(徐可,2005,图4.4)。

图4.3　体态轻盈空透的转角楼

图4.4　体型与功能有机结合的吊脚楼

有时通过局部处理,也能丰富建筑的造型,使外观形成各种凹凸、虚实、光影的变化,产生神奇的效果。例如,在绵延的屋面之间,突然露出一段高高翘起的马头墙,打破了青一色屋面的单调,增添了形状的对比(图4.5)。

图4.5　打破单一坡屋面的马头墙

3. 体形自由灵活,宛如天成

1) 无明确轴线和固定方位

一是渝东南地区在历史上交通不便、信息闭塞,实施土司制度,受汉文化影响较小;二是地形地貌十分复杂,用地条件限制性很大;三是土家族、苗族也是比较开明的民族。因此,轴线意识在民居建筑中是比较淡薄的,如吊脚楼往往加在建筑的一侧,以形成有机的整体,但并非突出和强调轴线的作用。建筑布置的方位虽有一定的法则,但无固定方位,很大程度上与地形地势有关,因而布局自由灵活,随地形的变化而变化,宛如土生土长,与整个大自然融为一体(图4.6)。

2) 构图上中心意识不强

渝东南传统民居在体形组合上是一种不均衡的统一,并无刻意突出某一部位的痕迹,

图 4.6　体形自由灵活、宛如天成的民居建筑

在构图上往往无明确的中心,经常是"散点式"构图或"多中心"构图。这也正是非理性和浪漫色彩的反映。在渝东南地区常常可以看到:主体建筑因体量高大而确定了其主导地位,但它往往不是视觉中心。相反,体量相对较小的吊脚楼,却因其轻巧的造型、优雅的翘角和精细的装修而格外引人注目。正是由于这种中心意识的淡薄,土家民居受各种陈规旧俗约束较少,民间工匠的聪明才智才得以发挥。

3) 建筑表情轻松祥和、亲切宜人

渝东南传统民居的造型朴实大方,它从整体到细部再到家具陈设无不体现出这一特点。当人在欣赏民居的时候,通过对民居的体形、外露的木构架、本色的材质、亲切宜人的尺度的阅读,可以感受到一种与民居的交流和对话。因此,可以说渝东南传统民居所具有的表情是开放的、祥和的、令人轻松愉快的,它拉近了人与建筑的距离。

4. 2. 2　建筑形制

在渝东南地区,山地传统民居的结构体系、屋顶造型、建筑材料等方面的差异性都不大,其差异性主要体现在建筑的平面形态上,因此,平面形态成为建筑形制划分的主导因素,一般可分为四种形制:"一"形、"L"形、"凵"形及"口"形(表 4.1、表 4.2)。

表 4.1　山地传统民居建筑形制一览表

形制	空间组合特征	示例
"一"形	通称"座子屋",也叫"长三间",渝东南山地传统民居中最普遍的形制,只有正屋,包括堂屋与偏房,形成一明两暗、中间大两边小的空间格局,通常不吊脚。俗语有"一、二不上数,最小三起始"的说法,所以该类型民居常见的是一列三间,按实际需要也有五开间的	

续表

形制	空间组合特征	示例
"L"形	又称"曲尺形",俗称"一头吊"、"钥匙头"。它是在一形基础上发展起来的,由正屋和厢房组成。厢房又称"横屋",主要建在西边,通常做成吊脚楼形式,规模较一字形建筑大。"L"形已具备一定程度的围合意向,但不太明显	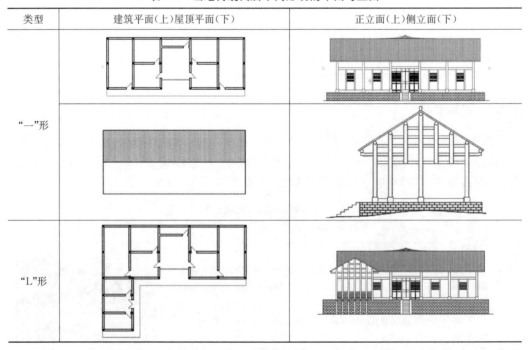
"凵"形	又称"三合水",俗称"双头吊"。在正屋两边都伸出厢房,这种房屋的平面形制一般为正屋三间、五间甚至七间,两边厢房出两间到三间,这主要取决于居住者的经济条件和家庭需要。与"L"形相比,"凵"形更具有较强的围合意向,这类的吊脚楼左右对称,呈"虎坐式"	
"口"形	又称"四合水",其特点是在"凵"形基础上,将正屋两头厢房的前端相连。在三合水的前方加设大门,或是在三合水的厢房前加前房,或是在前后两个座子屋之间建两侧厢房并且将前座子屋的中堂开设为门洞,即"朝门",这种做法类似于汉族的四合院	

表 4.2　山地传统民居不同形制的平面与立面

类型	建筑平面(上)屋顶平面(下)	正立面(上)侧立面(下)
"一"形		
"L"形		

续表

类型	建筑平面(上)屋顶平面(下)	正立面(上)侧立面(下)
"L"形		
"凵"形		
"口"形		

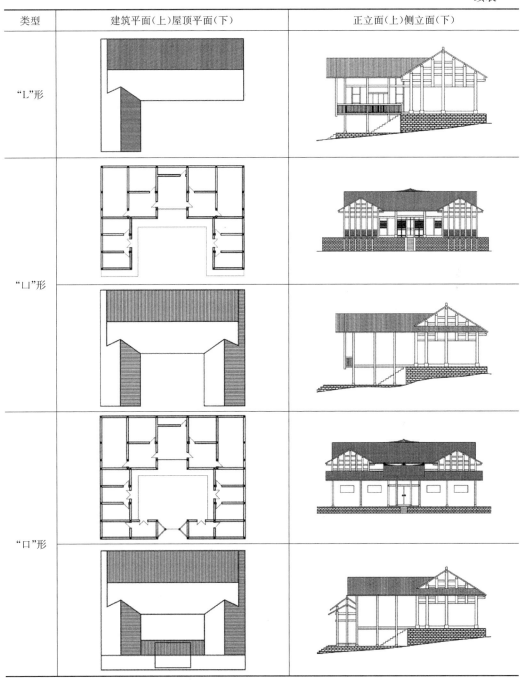

　　山地传统民居建筑形制体系的形成,是一个漫长的发展过程,在不同的发展阶段体现出不同的特色文化。首先,座子屋作为最典型的建筑形制——民居建筑之母,展现了巴人建筑文化的精髓"背山面水"。同时,土家族继承并发扬了座子屋的文化内涵,承载了土家人最重要的精神文化。例如,堂屋中供奉的神龛,是对神的敬仰、祖先的祭拜。其次,"L"形

和"凵"形民居建筑的出现,表达了土家族传统文化中长幼尊卑、男尊女卑的思想。最后,"口"形民居则是受到了汉文化的影响,体现了一定的儒家思想。综上所述,从座子屋到"四合水",随着建筑形制复杂性的增加,其所表达的文化内涵更加丰富,这是其最大的特点。

4.2.3　建筑结构

中国传统建筑的重要特征之一就是采用了木结构体系——木造梁柱构架,就是用木材建造柱子与梁搭盖的方式(李百浩等,2008)。从已有的类型来看,我国传统建筑的木结构体系有抬梁式、穿斗式、井干式三种类型。渝东南山地传统民居建筑便是典型的穿斗式类型(图 4.7~图 4.9)。

图 4.7　传统民居穿斗式木结构体系(一)

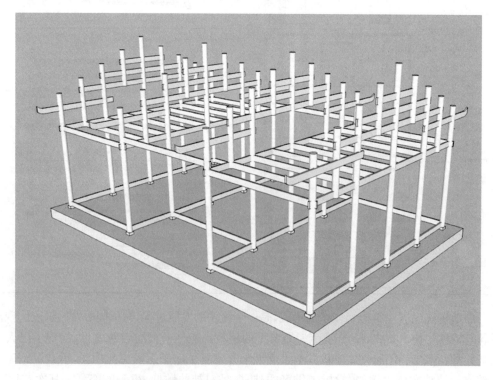

图 4.8　传统民居穿斗式木结构体系(二)(SU 模型)

图 4.9 传统民居穿斗式木结构体系(三)(SU 模型)

穿斗式又称为串逗式,是一种具有较多较密的榫卯拉结、柱枋穿插和立柱的房屋结构。其特点是用穿枋把柱子串起来,形成一榀榀房架;檩条直接搁置在柱头,檩条上再铺设椽子,椽子上再盖瓦;在沿檩条方向,再用斗枋把柱子串联起来,由此形成一个整体框架(潘谷西,2004)。穿斗式结构建筑最大的特点就是以增加立柱为手段,通过檩柱的直接承重传力,从而省略部分"梁",在允许建筑存在少量形变的基础上,以保证建筑的质量安全。

在渝东南地区,不管是座子屋还是吊脚楼,其结构体系都是采用"千柱落地"的穿斗形式。建筑的每一榀屋架都是由落地的立柱与横向的穿枋构成。柱脚处设有柱础或是简单地以石块作为铺垫,防止木质柱子受潮。为了节省材料,立柱(落地柱)之间的穿枋上再立小柱(又名瓜柱),以承重上面的檩,这一结构称为"骑";为了增加屋檐的进深,常常在屋檐挑枋上设"骑",这一结构又称为"耍骑"。一榀屋架中立柱和骑的数量便确定了建筑进深的大小,如三柱四骑、三柱六骑、四柱六骑、四柱七骑、五柱四骑、五柱六骑、六柱七骑、七柱八骑等(表 4.3)。在礼制文化下,穿斗式木结构建筑同样也会体现出一定的等级内涵,一般民居建筑为三柱四骑,而较高等级的建筑则为七柱八骑。

秀山县清溪场镇大寨村传统民居均为木结构建筑(图 4.10、图 4.11),图 4.10 为五柱六骑式,即该民居建筑的每一榀屋架由五根落地柱、六根瓜柱构成,落地柱与瓜柱之间通过穿枋连接;图 4.11 为五柱四骑式,即该民居建筑的每一榀屋架由五根落地柱、四根瓜柱所构成,落地柱与瓜柱之间通过穿枋连接。在此基础上,以木板墙壁作为围合结构和隔断,形成了内外都较为开敞的空间。

表 4.3　传统民居典型木构架体系

类型	八步架千柱落 地——千柱落地	八步架千柱落 地——千柱落地+吊脚	八步架千柱落 地——千柱落地+半吊脚
剖面图			
特点	单层,可带阁楼,构架整体尺度比例:$D/H=1.4$	设有吊脚和挑廊,可带阁楼,构架整体尺度比例:$D/H=0.9$	设有吊脚,可带阁楼,构架整体尺度比例:$D/H=0.9$
类型	九步架——四柱五骑(一)	九步架——四柱五骑(二)	九步架——五柱五骑
剖面图			
特点	两侧通过穿枋出挑,出檐深远,构架整体尺度比例:$D/H=1.4$	房屋进深较大,通常带阁楼,构架整体尺度比例:$D/H=1.5$	房屋进深较大,通常带阁楼,构架整体尺度比例:$D/H=1.4$
类型	十步架——三柱六骑(一)	十步架——五柱四骑	十步架——三柱六骑(二)
剖面图			
特点	设有吊脚和挑廊,且带阁楼多用于厢房,可带阁楼,构架整体尺度比例:$D/H=1.4$	房屋进深较大,通常带阁楼,构架整体尺度比例:$D/H=1.5$	前檐深远,房屋进深较大,可带阁楼,构架整体尺度比例:$D/H=1.7$

续表

类型	十步架——三柱六骑(三)	十一步架——四柱六骑	十一步架——三柱七骑
剖面图	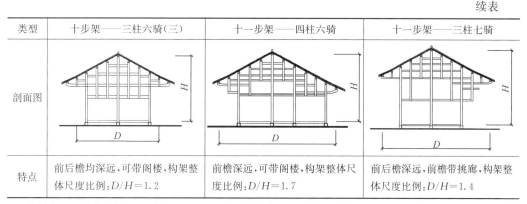		
特点	前后檐均深远,可带阁楼,构架整体尺度比例:$D/H=1.2$	前檐深远,可带阁楼,构架整体尺度比例:$D/H=1.7$	前后檐深远,前檐带挑廊,构架整体尺度比例:$D/H=1.4$

资料来源:重庆市规划局,重庆大学.2010.重庆土家族传统民居建筑风貌应用导则

图 4.10　五柱六骑穿斗式木结构　　　　　图 4.11　五柱四骑穿斗式木结构

　　采用穿斗式木结构体系的传统民居建筑最突出的优点就是具有环境适宜性,主要表现在以下五个方面:第一,穿斗式结构民居建筑主要以木材作为原料,面对渝东南地区丰富的木材,民居建造可以实现就地取材。同时,利用木材的可再生性,可以减少对周边生态环境的破坏。第二,穿斗式结构民居建筑具有通风去潮散热的功能。利用木构架体系的开敞结构,通过流动的空气可以去除影响生活生产的潮湿水汽,这在当地冬季是十分必要的;夏季则利用该结构散热降温,以提高居住的舒适性。第三,穿斗式结构民居建筑可以灵活多变地合理利用环境空间。为适应特殊的山地环境,渝东南传统居民建筑发展出了多种形态,用以扩展生活空间。民居建筑平面形态大多表现为:"一"形,或者通过组合形成"L"形、"凵"形或"口"形。这些平面形态是根据各自家庭的需要,并受建筑所处地形的影响而形成的。例如,"L"形、"凵"形中的吊脚厢房,灵活利用坡地,通过加长柱脚消除地面的高度差,补平室内地坪,纵向扩大了建筑空间,体现了"借天不借地"、"天平地不平"的设计理念。第四,穿斗式结构民居建筑具有省时省力省钱的特点。通常,山地建筑的施工难度和建设成本都十分巨大。在房屋建造时,采用穿斗式结构设计则具有省时省力的特点,能够节约建造成本。受山地地形因素的制约,渝东南地区建造民居时,面临材料运输的困难。例如,石料等密度大的材料运送十分不便,而轻便且实用的木材则有利于运输和搬运。第五,穿斗式民居具有"线条美"。这是因为构成民居的主材——木材,本身是线

性的,其材料与力学性质就决定了适宜线性使用,除此之外,还与土家匠人凭借长期的设计经验,在造型上有意识地强调与处理有关。例如,土家吊脚楼的悬山-披檐式屋面、屋角的反翘及屋面举折的飞檐集中体现了横线、竖线与曲线的综合应用。

在渝东南地区,除了占有主导地位的穿斗式木结构体系之外,还有少部分抬梁式木结构、砖结构、砖木结构、砖石结构、木石结构等传统民居,这些民居大多位于经济相对发达、对外交流较广的古镇之中。

4.2.4　建筑构造

渝东南山地传统民居的建筑构造特色主要体现在屋顶、风火山墙、转角挑、围护构件和门窗等五个方面。

1. 屋顶

通过实地调查发现,渝东南山地传统民居屋顶主要有三种形式:悬山式、悬山-披檐式和风火山墙式(图4.12)。其中,风火山墙式屋顶主要集中于沿河两岸的集镇聚落,其原因主要是受汉文化,特别是长江中下游文化的影响较大(交通方便、对外交流密切),体现了沿河集镇聚落在历史上的开放性。厢房吊脚楼的屋顶一般为悬山-披檐式,少数为悬山式,如秀山县海洋乡岩院村的走马转角楼便是悬山-披檐式屋顶(图4.13)。

悬山式屋顶　　　　　　　　悬山-披檐式屋顶　　　　　　　风火山墙式屋顶

图4.12　传统民居屋顶形式

图4.13　走马转角楼

　　由于渝东南地区降水丰沛,传统民居的屋顶均为坡屋顶。屋顶坡水形式丰富,主要有竹竿水、八字水、金字水、人字水,为了美观和防积雪甚至在屋脊处还要作"冲八分脊"。所谓竹竿水是指整个屋面全是直坡式,运用最为广泛;八字水是指屋架每根柱升高不一样,类似官式建筑中的"举折";金字水是指坡度比八字水陡些,每根柱的升高不一样;人字水是指仅在出挑处有举折变化,其余大部分屋面均是直的,其坡度比金字水更陡;冲八分脊是指在屋脊处再升高 8 寸,但一般很少用(周亮,2005)。

　　一般来讲,屋面坡度至少都要做到"五分水",即柱子升高值至少要达到柱间(柱子轴线)水平距离的一半(周亮,2005)。屋顶的檩条采用圆檩,直径为 120~180mm,放置于立柱的顶端。檩条前后对称,中柱上的檩条称为正脊檩,紧贴正脊檩前后分别为前(后)一金檩、前(后)二金檩、前(后)三金檩、前(后)檐檩和前(后)挑檐檩。

　　渝东南传统民居的屋顶是在檩条上铺设椽子(当地称为桷子),再在椽子上覆盖小青瓦。传统民居屋顶是坡屋顶,因此在椽子上铺设小青瓦时,瓦片累积的重量较大,椽子表面常为平面,加之屋面坡度较大,为防止瓦片掉落下来,便在椽子檐端头增加一定厚度的木板,这就是挡瓦板。其目的就是挡住边瓦,并略有上翘,以防止其后面一系列瓦的下滑。

　　屋顶檐口的曲线是用自然弯曲的木材做檐檩而直接形成的。檐口从起翘点开始,在挑枋部钉木板封檐,其目的是防止挑枋外露部分淋雨而遭到损坏。封檐的高度依挑枋端的高度而定(图 4.14)。

图 4.14　转角挑防雨封檐构造

2. 风火山墙

　　风火山墙又称为封火山墙,其特点是两侧山墙高出屋面,随屋顶的斜坡面而呈阶梯形,主要作用是火灾发生时,防止火势顺房蔓延。渝东南山地传统民居建筑多为悬山式和悬山-披檐式屋顶。同时,传统民居也很少用土和砖等建筑材料。明清时期受南方移民所带来的文化影响,特别是"改土归流"以后随着与汉文化交融的不断加强,部分民居出现了高出屋面的山墙——风火山墙。渝东南地区具有风火山墙的传统民居在古镇上比较常见,如龙潭、龚滩、洪安等古镇上的传统民居都是非常典型的。

　　风火山墙的底部以青砖砌成,顶部涂以白灰。其顶部做成屋顶样式,具有一定的坡度,并盖以小青瓦。山墙顶部的两侧有尖状突起,中间有小青瓦堆砌形成的或由砖石雕刻而成的装饰物。渝东南地区风火山墙主要有三种形式——单檐、重檐、三重檐等不同形状(图4.15)。

单檐式风火山墙　　　　　　　重檐式风火山墙　　　　　　　三重檐式风火山墙

图4.15　传统民居风火山墙形式

3. 转角挑

　　由三面出挑的走马廊构成的吊脚楼,其上部覆盖着悬山-披檐式屋顶,组成了土家族特有的转角楼(图4.16)。转角楼的两个转角高高翘起,成为整栋建筑中轮廓最为突出的部分,也是整栋建筑的重点装饰部分,在构造上又是使用自然弯曲木材最多最集中的部分,其中转角挑枋形如牛角,故又名"牛角挑"。沿转角对角线方向上翘的转角挑枋为主要承重构件(周亮,2005)。转角的出翘和起翘大小均由转角挑枋的伸出长度和向上弯曲的程度来决定。毫无疑问,转角挑(牛角挑)是识别土家族民居的重要标志之一。

图4.16　转角楼及牛角挑

　　牛角挑的形成源于构件功能和材料特性的有机结合。山地林木的生长,一开始垂直于坡地斜面,至一定高度后转为垂直于水平面,因此林木在根部附近总是形成特有的弯曲形状。渝东南地区土家族利用山地林木的这一生长特性,加工制成"牛角挑"。挑枋截面随荷载力臂增大而自然扩大,挑枋反弯向上托檩使悬臂受力更加合理,不必对木材进行挖、削、弯等额外的处理,科学地解决了水平悬挑构件承垂直荷载的问题。另外,这种源于山地的反弯挑枋形式,在立面构图上更加有美感,曲线的挑枋、飞动的檐角、空灵的挑檐及拔地而起的吊脚楼共同构成了土家族传统民居鲜明的地域特色。

4. 围护构件

由于渝东南山地传统民居是由一榀榀屋架来承重的,使得内外墙一般仅起围护与分割空间的作用。因此,民居建造过程中大多因地制宜、就地取材,充分发挥木材的优越性,使木板"壁"得到了广泛的应用。这种木板"壁"就是起围护与分割空间作用的内外墙,它们大多是用杉木、柏木等较好木材加工而成的(图 4.17)。除此之外,还有竹编夹泥墙、青砖墙(图 4.18)、夯土墙、石砌墙等。有些民居往往不是单一地使用一种墙体材料,而是混合使用多种材料。

图 4.17　木板壁(墙)

图 4.18　青砖墙

5. 门窗

渝东南山地传统民居的门主要有实拼门、框档门及隔扇门三种类型。实拼门是由木材制成模板拼合而成的最基本的一种门,门里有龙骨,多为单扇门和双扇门,常用于民居建筑的大门;框档门是先用木材做成框,在框中加设木板,木板中再加横梁,常作为房屋内部的门;隔扇门是在框档门的基础上,将门上的雕刻复杂化,有二、四、六和八扇不等(图 4.19、图 4.20)。

图 4.19　双扇门及花窗

图 4.20　六扇隔扇门

民居建筑的窗种类也很多,有直棂窗、花窗和平开窗三种。直棂窗是由窗框、横梁及木棂组成,固定在墙壁上,不能开启。花窗是在直棂窗的基础上,将窗框保留,内部的横梁及木棂替换成为形式多样的木雕图案,不能开启(图4.19)。平开窗是在花窗的基础上将其从中部对开,两侧的木雕装饰一致,大多是"改土归流"之后部分传统民居建筑所采取的形式。

4.2.5　物理环境

地形地貌和气候是影响自然环境的重要因素,也是制约山地传统民居建筑景观形态与物理环境属性的根本因素。渝东南地区的气候特征表现为夏季炎热、冬季温暖、降水丰沛、云雾多、日照少、风速小、终年湿润潮湿等。在地形地貌及气候因子的综合影响下,渝东南山地传统民居形成了具有一定特色的建筑物理环境。

1. 通风

渝东南山地传统民居建筑主要以特殊的屋顶构造为主要的通风手段,因屋顶盖的是小青瓦,缝隙较多,通风效果良好。其次,开敞的堂屋及门窗也是一项重要的通风手段。通常,离地面高度越高,气流流速越快。悬山式和悬山-披檐式屋顶在室内上部形成了较大的空间,使得室内形成了由下至上的空气流动,并通过小青瓦的缝隙,将室内热空气导出。除此之外,个别房屋的屋顶还设置了老虎窗、猫儿钻及在山墙上开孔等措施,加强了通风(图4.21)。同时,开敞的堂屋及门窗,使得近地面相对较冷的气流流入室内,室内相对较热的气流通过门窗及小青瓦缝隙流到室外,从而形成了室内外空气对流。

图4.21　山墙上开的通风孔

以钥匙头为代表的传统民居,主要通过吊脚楼的构架形式促进通风。架空空间能将传统民居的主体与潮湿的地面隔离开,加强了房屋底部的空气流动。

合院式的传统民居常常采用大小不等的天井组合。天井在传统民居中综合了采光、通风及排水等功能,四周的出檐形成了一个室内外的过渡空间(图4.22)。同时,紧凑的天井可以加强烟囱效应,利于夏季的通风与除湿。部分传统民居的天井做法比较考究,其上加盖屋顶,且比四周屋檐略高,称为"抱厅"。

图 4.22　天井

2. 采光

在渝东南山区,不但平坝较少,而且可建之地的坡度也较大,因此,传统民居常常垂直于等高线进行分台布置,形成层层跌落的阶梯式,从而使民居建筑得到较多的阳光(图 4.23)。在内部功能空间布置上,一些主要房间,如堂屋、偏房,甚至厢房往往布置于较高的台地上。具有通风功能的天井、老虎窗、猫儿钻等也具备采光的功能,部分民居通过增加亮瓦的数量来扩大室内采光(图 4.24)。

图 4.23　分台布局以增加采光

图 4.24　亮瓦

3. 防潮

防潮与通风采光息息相关。从通风与防潮的关系来看,通风有助于除潮。屋顶和吊脚楼的特殊构造是防潮的有效手段。从采光与防潮的关系来看,冬季增加采光率,有利于加热室内空气,促进空气流动,从而达到防潮的目的,对于合院式建筑来说特别明显。

　　渝东南传统民居建筑的防潮,一方面是对室内生活空间的防潮,另一方面是对建筑材料本身的防潮。当地居民采用宽厚的石板作为地基,隔绝地面的潮湿,并在房屋柱子的下方增加石质柱础,以防止木头柱子受潮腐烂;有的把卧室架空,比外屋地面高十几厘米,并铺设木地板,有效地防止潮气入内(图4.25);其实,吊脚楼的一个重要功能便是防潮。

图4.25　传统民居架空防潮措施

4. 隔热

　　渝东南地区夏季炎热,日照强烈,为此,就需要解决日照过度的问题。当地居民发挥聪明才智,利用深远的屋檐、挑廊及西厢房科学合理地解决了这一难题。合院式建筑通过天井可增加冬季的采光,在夏季则减少了采光,具有冬暖夏凉的特点。绿化遮阳也具有很好的效果,在传统聚落中常常可以看到民居旁种植许多茂盛的植物,起到遮阳、隔热降温的作用。

4.2.6　装饰艺术

1. 对联

　　居民喜欢在门上贴对联,以寄托居住者趋吉避凶的思想,也表现居住者重家风、重教化、重礼制、重传统的思想,是传统民居建筑文化中的重要组成部分。对联一般张贴在堂屋大门两边的门框、檐柱及山门等重要而且显眼的位置(表4.4)。

表4.4　传统民居部分对联

对联位置	示例	民居建筑位置	内容
堂屋大门两边的木板上		秀山县海洋乡坝联村	上联:出外求财财到手 下联:进门踏金金满地 横批:喜星高照

对联位置	示例	民居建筑位置	内容
堂屋大门两边的檐柱上		秀山县清溪场镇 大寨村	上联:富贵财如意兴隆 下联:平安福吉祥安康 横批:新年大吉
堂屋内神龛的木板壁上		秀山县梅江镇 民族村	上联:和气生财岁岁多 下联:金盘献瑞年年好 横批:蛇年大吉
山门两边的木柱上		秀山县龙池镇 白庄村	上联:富贵平安顺意来 下联:新年好运随春到 横批:万事如意

2. 木构装饰

1) 门窗装饰

传统民居建筑的门窗除了起围护与采光通风散热作用之外,还具有较强的装饰作用。门窗形式丰富多样,大多精心雕琢,颇为讲究,反映了地方审美情趣与民俗风情,尤其是花窗装饰颇具特色,其隔扇通常由木棂条结合雕刻组合成各种图案——窗花。窗花就是一幅画,有植物、动物及其他组合符号,纹饰繁多,组合变化灵活,雕刻技艺精湛,展示了传统建筑独特的艺术风格(吴樱,2007)。

花窗中的窗花可以说是传统建筑中最精华的装饰部分之一,也是广大中国人民勤劳、智慧的结晶。人们往往把美好的愿望,用简单、概括的木格栅拼成美丽的图案表现出来,像“年年有余”、“喜上眉梢”、“多子多福”等都是经典实例。

渝东南传统民居的窗花形式多种多样,如方格子、王字格、古老泉(中间为圆形,四周有花纹)等。在线条处理上,有直线与曲线相结合的刚柔相济,有几何纹与自然纹相结合的疏密相间。题材内容极为广泛丰富,雕镂手法也较为精细(图 4.26)。

图4.26　传统民居部分窗花

2）其他装饰

除了门窗装饰之外，还有栏杆、瓜子垂、挑枋等木构装饰，详见表4.5。

表4.5　其他部分木构装饰

装饰构件	示例		
栏杆：多花格，雕有"万"、"喜"、"亚"等			
瓜子垂：又称"吊瓜"，多为八棱、六棱或四方形的"金瓜"、"绣球"等形状的悬柱			

续表

装饰构件	示例		
挑枋:穿斗构架屋顶出檐的主要承重构件,常见的挑枋有"牛角挑"、"板凳挑"等形式	板凳挑	牛角挑	牛角挑

3. 砖、石、瓦装饰

砖、石、瓦装饰主要体现在脊饰、风火墙、柱础、石质栏板等方面。

中国传统建筑的屋脊多被传统文化与民间风俗赋予了一定寓意,其造型颇受重视,甚为讲究,在屋脊上进行花饰装点亦成为历史传统,屋脊的宝顶、脊吻等多有象征意义(吴樱,2007)。渝东南传统民居屋脊装饰充分利用当地丰富的建筑材料——小青瓦,在屋脊正中巧妙地砌成各种花式,尺度不一,样式繁多,寓意吉祥(图 4.27)。

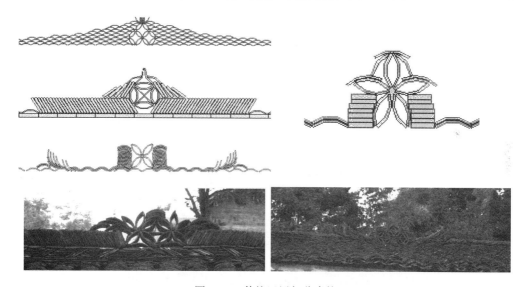

图 4.27　传统民居部分脊饰

由于渝东南地区降水丰沛、湿润潮湿,建筑底部通常要进行防潮处理。民居建筑大多采用木柱,木材容易受潮,因此底部多采用石质柱础,坚固耐磨,防潮防蛀,很好地保护木柱不被地面积水损坏。柱础也是装饰的重点,通常做出鼓形、方形、多边形等各种形状,并在其上雕刻人物、动物及植物图案,工艺精湛,栩栩如生(图 4.28)。

渝东南地区传统民居建筑极富艺术价值、美学价值,是我国传统建筑文化的瑰宝,布局上体现了与自然共融的和谐之美,高挑轻盈的转角挑、拔地而起的吊脚楼、雕刻精湛的细部装饰,形成了山地传统民居建筑所特有的韵律美。

图 4.28　部分砖石雕刻

4.2.7　建造技艺

原始多样的自然环境提供了广袤的森林资源,为渝东南地区修建房屋提供了丰富的木材。《汉书·地理志》:"巴蜀广汉,有山林竹木之饶。"此"巴",就包括了渝东南地区。从古代巢居到干栏建筑,再到受汉文化建筑法则影响而出现的三合水、四合水建筑,木料都作为建房的首选(图 4.29)。由于资源丰富,取材方便,亦有强度与韧性,且便于加工,木材成为传统民居建筑的主流材料,建筑结构方式都是以穿斗式木构架为主,围护结构及各种细部构件大都用木材加工而成。例如,墙多采用木板,一是自重轻,二是便于加工;门窗、栏杆及其他装饰性构件绝大部分亦采用木材,不但便于雕刻,而且样式丰富、造型生动、富有民族特色,充分发挥了木材的优良特性(吴樱,2007)。除了木材之外,也有用青砖、石材、土坯等作为承重材料的,但这些材料更多的是用作围护结构(程世丹,2003)。

图 4.29　用于民居建造的木材

传统民居的建造离不开技艺和文化两大方面,前者是基础,后者是灵魂。民居建筑的形成和发展,总是以不断满足人们的需要为前提的。各时期民居的建筑风格、空间形态、格局形制等无不是采用一定的技艺,对一个地方、一个民族所特有的深层文化结构(包括民族性格、伦理道德、审美取向、宗教信仰、风俗习俗等方面)的综合诠释。人们选什么样的材料、采用什么样的技艺方法来建设自己所需的居住空间,各民族有不同的方式和手段(构筑行为),包括建造技艺和建构过程中所信奉的礼仪、宗教和习俗等。各民族不同的构筑行为,都是从最初直接模仿、比拟自然界,到进一步的移植创造,在经过长期的调适整合之后完善积累,形成了独具特色的各种专项建造技艺(图 4.30)。在进行选择和调适的过程中,各地方、各民族的构筑行为,都要受到其传统观念和群体意识的影响,并随着时代的发展而变化。

凿子铲削　　　　　　　　　　　　　　凿子打眼

穿枋斗榫　　　　　　　　　　　　　　立屋架

木材加工　　　　　　　　　　　　　　立挑枋

图 4.30　传统民居的建造技艺

　　总之,传统民居建筑文化和建造技艺密不可分。技术是文化的重要组成部分,文化的发展不可能超脱技术的范畴,它总是与技术相生相融;反过来,技术又不可能凌驾于人文、历史、宗教等多方面文化因子之上，它只能是一定时期建筑文化的缩影（周亮，2005）。

因此，王飒等（2012）指出，传统建造技艺作为非物质文化遗产的一种类型，完全具有非物质文化遗产的共同特点。非物质文化遗产一般划分为三个层面：表层——文化样式、结构层——生活方式、核心层——价值观念。三者关系如同同心圆。其中，一定的生活方式是一定文化样式的土壤，或者本身就是遗产，而一定的生活方式和文化样式又培育了一定的价值观念与审美情趣。反过来，价值观念与审美情趣又支配人们对生活方式和文化样式的选择，生活样式和文化样式又成为价值观念和审美情趣的载体与产物。因此，三者作为非物质文化遗产的不同层面，从某种意义上讲，具有不可分割性。三者之中，文化样式最易受到环境影响而变化，生活方式次之，价值观念最为稳定与持久。

根据传统建造技艺的特点，同样也可划分为三个层面。

（1）效用层面（表层）。是指历代所传的技艺典籍和营造法式，如建造口诀和图纸，它是传统建造技艺作为艺术知识存在的一种直观体现。

（2）文化层面（结构层）。反映了传统建筑技术的社会属性，即建造技艺服务的社会对技艺所形成的各种规制要求，以及传统建筑行业内部的文化现象。

（3）观念层面（核心层）。主要指传统建造技艺传承者所具有的价值观，包括对技术本身的认识和思考，以及对行业的理解和追求。

根据传统建造技艺的三个层面的划分，以及同非物质文化遗产三个层面的对比，可以发现传统建造技艺的效用层面、文化层面及观念层面是由表及里、逐渐深入的关系。传统民居的营建技艺一般包括选料、加工和安装三个步骤，每一个步骤均体现了建造技艺的三个层面。

1. 选料

渝东南地区气候湿润、地形复杂、生境多样、人类活动较少，为森林特别是乔木的生长提供了良好的环境，使木材资源丰富，种类繁多。如何选择合适的木材（包括品种、树龄、尺寸等）作为建筑材料，是地域特色文化的一种体现。

我国常用的建筑木材为针叶树种。渝东南地区受气候、地形地貌及海拔因素的影响，杉木和马尾松分布十分普遍。因此，作为对环境适宜性的表现，当地工匠本着就地取材的原则，主要选择了以上两种树木作为材料。这些木材的共同特点是纹理顺直，木质较软，力学性能较好，易得到长材，而且便于加工，比重也较小，因此，这些木材都能用来制作木构件，尤其是受力承重且要求长度较长的柱、梁等构件。其中杉木强度好、耐腐性强、很少受虫蛀，因此被选择较多。从木料形态上来说，以牛角挑为例，这种形态的木料对建筑承重有着重要的影响。工匠对天然形成牛角挑用料的选择，是认识和充分利用自然的文化表现。牛角挑免去了加工步骤，特殊的形态赋予其更多的承重质量，并具有强烈的装饰美感。

特殊的气候使得这里湿润异常，即便良好的木材也经不住长年累月的雨水浸泡。而当地喀斯特地貌十分发育，盛产石灰岩。为解决防潮问题，工匠便选择了青石作为地基、铺地或柱础的用料。在建造房屋时，根据不同的要求，也部分选择了竹子、青砖、石灰，桐油和草料等作为建筑材料。如辅助房多用于杂物堆放，因此，常常选择草料作为辅助房的建筑材料(覆盖屋顶)。

2. 加工

传统民居建造的第二个步骤便是对材料的加工,这是非常重要的一个步骤,一般包括木料砍伐与木料加工两步。

1) 木料砍伐

首先,渝东南地区深受风水文化的影响,对于木材的砍伐有着一定的考量。以土家族为例,在平整完屋基以后,主人就要与掌墨师傅(建筑师)一道上山砍伐建房所需木材,即"伐青山"。伐青山的首要一点,就是选择黄道吉日。其次,一般伐取木料以后,并不马上使用,必须要放置一段时间,等木材干透了,并对其进行冷热处理,满足不同的需求。

2) 木料加工

加工木料,就需要工具。而工具的选择隐含着重要的文化内涵。在当地,对木行尺(鲁班尺)的规定,就是尺寸要符合"尺白"。所谓"尺白"就是在"尺"的一至九共九星数字中,要符合吉星数。九星是:一贪狼、二巨门、三禄存、四文曲、五廉贞、六武昌、七破军、八左辅、九右弼。其中一、二、六、八、九共五星被认为是吉星,其余为凶星。在房屋宽、深、高数字中的尺数要符合这五星,乃算吉利。当碰不上"尺白"时,就要采用"寸白"来补救。当地建造制度规定,"尺白有量尺白量,尺白无量寸白量",意即当尺的数字不能符合尺白吉星(一、二、六、八、九)时,就要在寸这一尾数上采用六、八、九等"寸白"数字。此外,有的地方还有一项规定,即单丈双尺、双丈单尺,即丈尺的数字要采取一奇一偶(周亮,2005)。

3. 安装

安装主要有以下三个步骤。

1) 斗榫头及排扇

在立屋竖柱前一晚上三更时,掌墨师傅和主人,举行敬鲁班仪式,收邪、收杀,在纪念鲁班的同时,求神保佑立屋平安。然后将每榀屋架各构件(柱、穿枋、挑)按照榫卯位置斗好(安装好),再将几榀屋架按所在的位置排列好,即为排扇。

2) 立屋架

立屋架前要焚香烧纸,然后由掌墨师一手拿斧头,一手提雄鸡,一只脚踩在中堂的中柱上,"安煞"定五方,以驱鬼避邪。立屋架时,屋架柱子在横向和纵向都要用木料拉着,呈一个整体才立得稳。纵向拉的称为"剪竿",横向推的称为"送剪",这样才能保证屋架立得起来并稳得住。

3) 上大梁

立屋架之后,同一天中午,便开始上大梁(正梁)。上大梁是土家族建造新房过程中最为慎重的事情,认为大梁是全屋之根本,象征主人龙脉久旺而不衰。

从渝东南穿斗式木构架体系来看,传统民居的建造采用了模块化的技艺,即在建造过程中,首先建成房屋的框架(排扇、立屋架、上大梁等),然后将房屋的各个组成部分,如屋顶、墙壁、门窗等安装到框架之上。模块化建造技艺在当今仍具有优势,主要表现为效率较高。不同的步骤具有不同的文化内涵,但都呈现了效用层面(表层)、文化层面(结构层)

及观念层面(核心层)这三个层面的文化底蕴。

4.2.8　建造习俗

在渝东南地区,当地居民十分重视建舍立家,无论是建房习俗还是居住习俗,都与他们为求自身发达、避祸乱灾荒而求救于天意神灵联系在一起。经过历史积淀,建房习俗被人们赋予了文化寓意,以求吉祥安顺。民居建筑的选址、平屋基、伐木、加工、安装等都要选择良辰吉日。在风水学里关于建房的说法还有很多,虽然有的带有明显的迷信色彩,但有的还是有很合理的成分。例如,汉代王充在《论衡·讥日篇》中写道,"工伎之书,起宅盖屋必择日",还有《阳宅十书》也说"论形势者,阳宅之体;论选择者,阳宅之用。总令内外之形俱佳,修造之法尽善。若诸神煞一有所犯,凶祸立见,尤不可不慎";再有"先修刑祸,后修福德"的说法,在修建房屋的时候,即先修刑祸一方,再修福德一方。

渝东南地区的居民十分注重建筑与环境的关系,"务全其自然之势,以期五违于环护之妙",强调"宅以形势为身体,以泉水为血脉,以土地为皮肉,以草木为毛发,以舍屋为衣服,以门户为冠带",追求民居建筑与自然环境的和谐统一。他们认为自然环境的优劣会直接导致人们命脉的吉凶祸福,因而在住宅建筑的"选址"、"动土"、"立房"、"入宅"等方面均十分注重一个"吉"字,希望实现人丁兴旺、财源茂盛、万世昌隆这一宏伟目标。

在民居建造过程中,当地居民十分重视"上梁"仪式,并形成风俗流传至今,反映了人们对家园建设的重视。家庭平安是他们最大的愿望。上梁习俗是古代"天人合一"与"时空合一"的宇宙自然观在建筑民俗中的反映。房屋的梁木,一定要偷偷砍伐别人的树木;搬运梁木的过程中,绝对不能让人踩踏;上梁时要唱《上梁歌》、抛上梁粑等。《上梁歌》是人们在修新居时,待新屋屋架立起后,择定良辰举行上梁的仪式歌。仪式开始,从屋架上放下绳子,把画梁徐徐拉上去合榫,这时,由掌墨师与请来的贺梁人共同唱颂《上梁歌》(熊晓辉,2014)。

《上梁歌》内容如下:上一步,望宝梁,一轮太极在中央,一元行始呈瑞祥。上二步,喜洋洋,"乾坤"二字在两旁,日月争辉照华堂……

4.3　山地传统民居建筑空间的文化地域性分析

土家族传统民居是由一系列建筑空间组合而成的,包括堂屋、偏房、厢房、辅助房、山门、院坝等。不同的建筑空间承载并展现了不同的文化内涵,因此对其进行分析解读是十分必要的。

4.3.1　民居建筑文化的核心——堂屋

座子屋正中的一个开间称为"堂屋",又称为"明间"(图 4.31),是最大的一间,其他开间依次比堂屋减小。土家人对传统吉祥数字"八"有特殊的情感,因居住者信"八"同"发"的谐音,故建筑的开间、进深、中柱顶高的尺寸中均带有"8",从而促成了民居建筑的模数体系。例如,通过调查,秀山县清溪场镇田家大院,其堂屋开间一丈五尺八寸、进深二丈四尺八寸;酉阳可大乡的一处座子屋,堂屋开间一丈四尺八寸,偏房开间一丈三尺八寸、中柱顶高度二丈零八寸,两边的偏房开间比堂屋略小,一般要小一尺,若因分家在"偏房"两旁又搭"偏房",则增加的开间依次减少一尺,但通常减到一定尺寸就不再缩减。

图 4.31　传统民居堂屋

堂屋内一般不铺设地板。堂屋根据不同家庭的需要,存在细微差异,部分堂屋往往将靠后的两个柱距的空间用木板壁分隔出来,设置为"道房",也称后道屋。道房不铺木地板,通常也挖有火塘。有些道房则作为书房。堂屋是谈论事情、举办各种活动的地方,如婚丧嫁娶和祭祀。民居建筑是承载民俗文化的重要物质空间载体,民俗活动直接影响着民居空间的功能分布。民俗与民居相结合,从而使居住空间也产生了特殊的含义(秦娜,2011)。堂屋中最重要的三个组成部分便是大门、神龛及在院坝与堂屋之间的灰空间。

1. 灰空间

为了使从院坝到堂屋之间的空间具有更加丰富的层次感,传统民居常常让堂屋前墙或门槛后退凹入一个宽广的平台,形成一个重要的过度空间——灰空间(图 4.32)。该空间一般有 2～3m 进深,它既不像院坝那样公共开放,又不像堂屋那样封闭肃穆,与前檐廊走道融为一体,成为一个独特的休闲场所。居民常常在这里干家务、做针线、读书看报、喝茶聊天,很是惬意恬静、悠闲自得,散发出一股浓郁的田园生活气息。

图 4.32　传统民居灰空间

2. 堂屋大门

门是宅院的咽喉,风水理论认为"门通出入,是为气口",阳宅相法中门有"气口"之喻。

堂屋在土家族文化中占有非常重要的地位,是民居建筑中最重要的部分。堂屋大门的设置,对堂屋的意义十分重大,不仅是民居建筑的外在体现,也有调节小气候的实际作用,同时也是建筑文化的重要组成部分。土家族传统民居有堂屋不装门或者装门但常打开的习惯。这种习惯既有对气候适宜性的体现,也有传统特色文化影响的原因。对于前者而言,这种方式使得民居内外相互连通,在渝东南亚热带季风性湿润气候条件下,有十分重要的意义,即冬季排湿,夏季散热。对于后者,居住者认为,堂屋大门既然是气口,家中的财气就不能外流,既要可供进入,又要守住财气,于是就设置了一个较高的门槛,并称之为"财门"。这种理念类似于聚落选址中对"上砂"和"下砂"的要求。

渝东南地区传统民居堂屋装门的则主要开两种门——双开门、均分六合门(表 4.6)。

表 4.6　传统民居部分堂屋大门

	均分六合门	双开门
堂屋装门	 秀山县海洋乡坝联村	 秀山县海洋乡坝联村
	 秀山县大溪乡打捞寨	 秀山县海洋乡岩院村田家沟
堂屋不装门	 秀山县某座子屋	 酉阳县苍岭镇大河口村

3. 神龛

年代较早的民居,一般是在堂屋正对大门的最里面(后面)封闭的木板墙壁上,用些许粉红或大红的纸竖直张贴排在一起所界定的空间,称为"神龛"。在随后的发展过程中,神龛逐渐产生了变化。目前,神龛有两种形式:一种是平面的,即直接在木板壁上贴纸,在贴纸的下方支撑一窄木板,用于放置点香插烛的碗钵,起到供台的作用;另一种是立体的,即贴纸的这部分空间的木板壁向后凹进,用凹进去的空间作为供台。通常,神龛下面放置一木制供桌,用于存放点香插烛的碗钵和供果。有的地方不是很讲究,也把玉米棒、做农活的小工具,以及茶壶、水瓶等日常生活杂物堆放在上面。神龛主要有以下两个作用。

1) 供奉堂位

主要内容是供奉"天地国(君)亲师"牌位和祭祀宗族祖先的堂位,以求得幸福平安、家族兴旺(表 4.7),从中可以看出渝东南的民族迁徙情况。

表 4.7 山地传统民居部分堂位

堂名	位置	铭写内容	实物照片	祖籍
陇西堂	西阳县西水河镇后溪村	陇西堂上历代昭穆神之位	 	甘肃
旌义堂	西阳县西水河镇后溪村	—		安徽
武威堂	西阳县苍岭镇大河口村	纯臣郡中历代昭穆神位 西溪求财有成四官大神位		江西
忠师堂	西阳县西水河镇后溪村	—		
关西堂	西阳县南腰界乡杨家寨	关西堂上历代高曾远祖 居家应供诸佛神灵之香位		江西
紫荆堂	秀山县清溪场镇田家大院	紫荆堂上历代昭穆神主位 求财有感四官大将尊神位		湖南
关西堂	秀山县清溪场镇大寨村	关西堂上历代昭穆神主位 求财有感四官大将尊神位		江西

堂名	位置	铭写内容	实物照片	祖籍
江西堂	酉阳县酉水河镇后溪村	江西堂上历代祖先 九天司命太乙府君		江西
清河堂	—	清河堂上历代昭穆神主位 西溪求财有成四官大神位		湖北
颍川堂	秀山县兰桥镇正树村	颍川堂上历代高曾祖左昭右穆香位 长生土地瑞庆夫人招财进宝郎军之位		河南

2）敬奉神灵

神龛上除了铭写"天地国（君）亲师"牌位和祭祀宗族祖先的堂位以外，两边通常还贴祈福求灵、表达美好祝愿的对联和话语。在供桌与神龛之间的木板壁上，则主要张贴"囍"、"福"等字，有的书香门第也把家训贴在上面。

4.3.2　家与隐私文化的代表——偏房

堂屋两边的开间称为"偏房"，也称为"人间"。土家族的偏房通常以中柱分割成前后两个半间，前半间做"火屋"（或称"火床屋"、"火铺屋"、"火炕屋"、"火塘屋"），后半间做卧室。

火屋是渝东南地区传统民居中人们日常家庭活动的重要场所，在生活中也是最具生气、最活跃的空间部分，几乎所有家庭活动都在火塘间进行，它比堂屋更加温暖，更具人情味。烹饪、吃饭、取暖、待客、聊天等，都围绕在火塘周边，形成了独特的火塘文化。火塘文化在土家族文化中占有重要的地位，火塘具有文化象征意义，代表着"家"的概念，也是家庭的中心。"火塘"与"家庭"的属性是一致的，在渝东南地区传统风俗里，从原住所火塘里另分出一堆火，就表示从原家庭里分化出一个新的家庭，意味着一个被传统民俗规范所认可的家庭的诞生。火塘神圣无比，据说是由祖宗保留下来的，从不熄灭。因此，火塘在土家文化中不可玷污，不可僭越，尊卑分明。围绕火塘，又产生出许多禁忌，从侧面反映了人们对作为家庭象征的火塘的虔诚崇拜，也反映了人们对家庭繁荣昌盛的殷切期望，由此衍生出丰富多彩、内涵深邃的火塘文化（吴樱，2007）。

火塘在民居的发展演变中有着一定的规律性：一方面是民族传统习俗的遗留；另一方面是当时生产力水平低下和自然条件影响使然。渝东南地区主要以木构建筑为主，不利于防火。由于当时没有生火设备，需到地面行炊、生火，而保存火种比较困难，也易受野兽袭击，加之多雨的气候因素，诸多条件均不利于户外进行地面炊事。后来人们发现在地板上铺设石片可以阻燃,于是创造出可以在木构屋内烧火的火塘,解决了在室内进行炊事活动及保存火种的难题。作者在渝东南地区调研中发现,火塘主要存在四种形式——部分铺板火塘、全铺板火塘、无板火塘、高架火塘(图 4.33)。

高架火塘　　　　　　　　　无板火塘　　　　　　　　　全铺板火塘

图 4.33　传统民居火塘形式

为满足遮阳避雨要求,传统民居建筑出檐都较深远,一般伸出两檩。从穿斗屋架中伸出挑枋承托檐檩,宽大的屋檐使得屋檐下形成了面积较大的阴影。由于堂屋通常是完全开敞的,相比于偏房较为明亮,平时有客来访,均在堂屋接待;而火屋室内采光较差,其后的卧房更是灰暗。从堂屋到火屋再到卧房,光线先明后暗到更暗,使人自然地感受到私密性的递进,这也在一定程度上反映了山地文化封闭性的特点,体现了民居建筑层次分明的空间序列。

4.3.3　天人合一文化思想的体现——吊脚厢房与辅助房

1. 吊脚厢房

由座子屋形制发展而来的其他形制的民居,都有厢房(图 4.34)的存在。厢房是供后代生活居住或供客人临时居住的空间。

图 4.34　传统民居西厢房

厢房是山地传统民居中对地形高差适应的调节部分,体现了天人合一的文化思想。"扶弱不扶强"是渝东南地区民间建房的口号,具有朴素的哲学思想。所谓"强"是指地形较规则、平坦的地方;"弱"则指地形不规则,有高差、陡坡、溪沟的地方。在山区,宝贵的平坦土地一般留作耕地,而较崎岖的地方则是吊脚楼最好的布局之所。对地形"弱"者加以扶持完善,便是更好地利用了地形,使之成为良好的使用空间。"扶弱"的方法可以另加一个吊脚楼,抑或是偏厦、侧屋,抑或是其他辅助用房。为了适应渝东南复杂的山地地形,大部分厢房要根据不同的地形进行布局、建造,从而形成了一种独特的建筑形态——吊脚厢房。根据地形高差和起伏情况,有的吊脚厢房起吊一层,有的起吊半层(表4.8)。其实,在后来的发展过程中,为了防潮和造型美观,常常在平地上也起吊,这便是文化核心层在起作用,以保持和延续土家族传统民居的吊脚楼风格。

表 4.8　山地传统民居起吊方式

对地形高差的处理方式	秀山县孝溪乡上屯村	酉阳县可大乡七分村
	结合坡地吊脚	
	秀山县海洋乡岩院村田家沟	酉阳县苍岭镇大河口村
	平地起吊半层	
	秀山县海洋乡坝联村	秀山县海洋乡岩院村田家沟
	平地起吊一层	

　　厢房吊脚空间的使用根据实际情况有不同类型,产生了不同的形态。作者在渝东南地区调研过程中发现,吊脚厢房的建造根据坡地的实际情况,层数存在单层和两层的区别。有的居民利用吊脚厢房下面的支柱做半地下层。半地下层一面是山石壁,一面悬空,在悬空处用栏杆做围护,其地面用木板铺砌。也有的利用石岩山凸出的石块平台做半地下层。半地下层多用作临时堆放杂物和安置厕所(表4.9)。

　　渝东南地区属亚热带湿润季风气候,夏季气温高、湿热异常。西边建厢房可挡住下午炙热的阳光,为正房和院坝提供一定的庇护。按照当地习俗,有右为尊的说法,对于一个坐北朝南的"钥匙头"来说,站在堂屋面朝院坝而定的右为尊,即是西边,若要建房,则先建在西边。"右尊"的厢房在封建"男尊女卑"思想影响下常留给儿子住。所以按照这种说法,对于一个坐南朝北的民居"三合水"来说,西边厢房常常就演变成了"女儿家"的"闺房"。

表 4.9　厢房吊脚空间的使用方式

厢房吊脚空间的使用方式	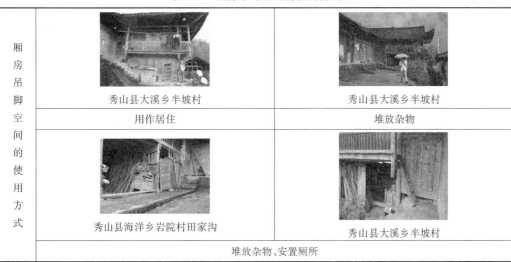	
	秀山县大溪乡半坡村	秀山县大溪乡半坡村
	用作居住	堆放杂物
	秀山县海洋乡岩院村田家沟	秀山县大溪乡半坡村
	堆放杂物、安置厕所	

2. 辅助房

平整的土地对土家族人来说非常重要,首先用于满足耕地的需要,其次用于满足居住的需要。由于大块平坦的土地十分难得,所以土家族人充分发挥聪明才智,利用房屋周边的小块平地,建造辅助房屋,以满足日常生活的需要,体现了科学合理利用土地的天人合一文化思想。辅助房主要有以下几种类型。

1) 偏偏房

为了扩大建筑使用面积,土家人常在正房或少数落地厢房旁建设单坡房屋。这种房屋称为"偏偏房",又称"偏斜"、"偏厦",用作厨房、储藏及养猪等(图 4.35)。

2) 拖水

在座子屋后方,一般顺屋面坡度附加延长两个柱距,承接于后屋檐下方的扩建空间称为"拖水",又称"响水"或"披檐"。通常这两个柱距同正房屋架步尺一致,形成两柱一骑,故名"拖-柱-骑"(图 4.36)。拖水一般作为厨房、储藏及养猪之场所,属于后来加扩建的辅助房。

图 4.35　偏偏房

图 4.36　拖水

3）烤烟房

在渝东南地区,烟叶是农村重要的支柱产业之一,烤烟房便应运而生。当地居民用泥土夯筑,垒成墙壁,其上放置几根圆木,用来承重覆顶的茅草料或小青瓦(图4.37)。

4）牲口房

渝东南地区的牲口房主要有猪圈、牛栏、羊圈等类型,有的与正房、厢房相连,有的为了避开牲口房气味的影响而单独设置(图4.38)。

图 4.37　烤烟房　　　　　　　　　　　　　图 4.38　牲口房

4.3.4　其他特色空间的展现

1. 抹角屋

渝东南地区"L"形、"凵"形及"口"形等山地传统民居往往都是由厢房和正屋交接形成的不同空间形态。因此,厢房与正房的交接就有多种情况,其中,用"伞把柱"("将军柱")完成正房与厢房屋架转角所形成的建筑空间称为抹角屋,又称磨角屋(图4.39)。现在抹角屋大多作为厨房,已逐渐取代"火铺"的部分功能。由于抹角屋大多直接暴露将军柱和转角屋架,空间比较宽敞,通常用作厨房,所以抹角屋现已成为土家人、苗族人自家聚餐、烤火(也在此间设火铺)、储藏杂物的地方。

图 4.39　抹角屋

2. 阁楼

渝东南地区大多数传统民居的阁楼不住人,其用途主要是堆放玉米、辣椒、烟叶、稻草及各种杂物。一般地,堂屋不设阁楼,阁楼主要出现在偏房、厢房和抹角屋。对于只有一层的民居来说,从一层楼枕上的楼板到整个屋顶都是阁楼空间(图 4.40)。偏房(包括火塘、卧房)的天花以木板铺就,称"板楼";灶房、道房和一些次要房间的天花通常铺以竹条或木条,称"条楼"(图 4.41)。分隔房间的木板壁一般只铺至条楼或板楼之下,从堂屋可以利用小的梯子上下阁楼。板楼可以上人、堆物,不影响下面房间的使用;条楼不能上人,主要是放置粮食和需要干燥的杂物。条楼上下空气流通,下方往往有炉灶、火塘等,起到加强烘干防潮的作用。为配合上部空间的使用,山墙上部常常也不加板壁,使屋架显露以利通风。有的将偏房上的板楼外挑至屋檐下,与外廊连接,在堂屋外设楼梯上下。在调研所及区域,新建房屋已经出现了扩大板楼面积,并分隔成独立房间供人居住的情况,这大多是事先考虑到这一要求而将房屋建得较高,使铺木板的阁楼可供人居住。

图 4.40　阁楼

图 4.41　板楼(左)与条楼(右)

3. 廊

廊在渝东南山地传统民居中应用很广,不论是吊脚楼,还是座子屋,都可以见到廊的影子(图 4.42)。廊的栏杆多由木条组成,大户人家的栏杆上有许多精美的雕刻。廊主要分凹廊、内回廊及外挑廊等形式。凹廊常设于入口处堂屋外,在厢房的局部空间,偶尔也设置；内回廊设于院落四周，用于房屋之间的水平联系、遮阳挡雨及休息之用。内回廊具有向院落中心围聚的空间意向，而外挑廊则具有向外发散的空间意向，增强了与大自然的沟通与交流。吊脚楼在二层多设外挑廊，有的是三面设廊，呈转角状，称为"走马转角楼"，又因这种带吊脚和出檐的厢房称为"千子"，故此廊亦被称为"转千子"。外挑廊视野开阔，空间宜人，为山区土家人民登高远眺、招呼来往行人提供了场所。

图 4.42　外挑廊

4. 山门

山门也称为朝门。在渝东南地区，常在三合院院落前方加设一山门。山门最大特点是门开的"八"字形造型，俗称"八字朝门"。它的特点是在门洞位置左右两边分立两根柱，在其前后的左右方分别再立两根柱，前方左右两柱至门洞左右两柱间，装上木隔板，形成与平面成 45 度的"八字"。"八字朝门"给人一种迎客的亲切感，也象征主人开朗的性格（图 4.43）。同时，一般建在山坡上的土家族山寨，设置山门既可防匪防盗，又可作为从山脚仰望寨子时的入口，成为可识别性的标志。

图 4.43　山门

另外，"改土归流"后，受汉文化影响，风水观念深入人心。很多"三合水"房屋在建造时，因为受地形地势的影响，正屋堂厅大门的朝向不理想（与风水所认为的、按照房主生辰八字算出的"吉方"不符），而"大门"在风水中是"纳气"的重要部分，为了顺应风水，于是就在"三合水"院坝前加一个朝"吉"方的大门，故也称为"朝门"。从平原地带移居搬迁到山区,土家族人、苗族人不但适应了山地生活,而且设朝门的这一风俗仍在有需要和有能力的山寨中保留着。

5. 院坝

渝东南山地传统民居前一般都有一个平坝,或平行于房屋或在房屋斜前方的台地上,这就是院坝。经济条件较好又比较干净的人家,往往把前面的平坝铺平,用来晒谷子、玉米棒、辣椒等,所以又把它称为"晒坝"。总的来说,院坝的大小与正房、厢房的面阔开间、围合方式及场地地形地势有关。一般地,若场地够大,院坝差不多接到厢房出檐位置,而若有其他因素影响,则形式多种多样(图 4.44)。按材料及构造方式,一般分为素土夯实、长毛草、敷水泥、表面找平铺石板四种院坝类型。院坝是民居空间中最为开放的公共场所,不但提供了生活的功能,而且也提供了休闲娱乐的功能。

图 4.44　院坝

4.4　本 章 小 结

建筑是人们为了满足社会生活需要,利用所掌握的物质技术手段创造的人工环境,是一个有机系统。而其中的每一个细节均体现着当地居民处理事情所包含的文化态度。因此,建筑所蕴含的文化也形成了一个完整的地域体系,包括建筑营造的文化地域性和建筑空间的文化地域性。前者体现的文化主要包括建筑体形、建筑形制、建筑结构、建筑构造、物理环境、装饰艺术、建造技艺和建造习俗等方面;后者所体现的文化主要包括堂屋、偏房、吊脚厢房、辅助房、抹角屋、阁楼、廊、山门、院坝等方面。

第5章　渝东南山地传统民居景观信息图谱

渝东南地区独特的自然环境与人文环境造就了丰富多彩的传统聚落景观和民居建筑景观。那么,这些景观是如何形成的? 又是如何表现的? 其组合的图谱又是怎样的? 诸如此类的问题值得我们深思和研究。因此,本章在景观信息链理论的基础上,通过对传统聚落及民居建筑两个层次景观基因的分类与识别研究,构建了渝东南山地传统民居景观信息图谱,进一步展现了具有渝东南地域特色的山地传统民居文化内涵。

5.1　景观信息链理论

5.1.1　景观信息链理论源起

景观是指土地及土地上的空间和物质所构成的综合体,它是复杂的自然过程和人类活动在大地上的烙印(中国大百科全书编委会,1990)。因此,聚落地理学当中的景观是指以人类活动为中心的聚落景观和建筑景观,这些景观受到人类活动的影响,是人类活动的产物,具有一定结构、功能和特征,蕴含着丰富的历史文化内涵。可以说,聚落景观和建筑景观就是一种文化景观。目前,国内外学者虽然对文化景观的研究取得了丰硕的成果,但对景观、文化景观和景观文化的基本内涵仍未达成一致。而且对文化景观的研究仍处在初级阶段,国内类似的研究不仅落后于自然景观,而且与国际研究水平有较大的差距。

文化景观的形成与发展就在于文化的传承与传播。一方面,某种文化凭借其自身的秉性和位势,不断地进行传承与传播,保持其特性;另一方面,文化在传承与传播过程中,为了适应环境的变化,又往往会产生一定的变异,从而获得更好的传承与传播形式。聚落文化景观就是其中的典型代表。一定区域内的聚落景观之所以如此相同,就是因为聚落作为文化的载体之一,在景观传承与传播的过程中总是保持其文化"基因"的遗传特征;同时,时间和空间的变化,又会导致聚落景观信息在遗传的过程中出现一定的细微变化,即为了适应环境而产生的必要的变异。这既是生物体遗传繁衍的基本规律,也是聚落文化景观演变发展的内在逻辑。二者虽有着不同的属性,却有着较为类似的传承原理(刘沛林,2011)。

英国著名历史地理学家 Darby 提出了"景观连续断面复原"理论,该理论认为任何一种文化景观都是由不同历史时期的文化叠加而成的,历史文化景观就是历史文化层的不断叠加,历史文化景观的研究就是要"复原"这些文化层的连续断面,重新恢复原有的历史文化信息(侯仁之,1979)。受"景观连续断面复原"理论的启发,刘沛林于 2005 年在开展山西临县的碛口传统民居规划研究中,提出了文化遗产地保护和文化旅游地规划的"景观信息链"(landscape information chain)理论,确立了文化景观信息(基因)的识别原则和方法,并且根据景观信息(基因)的属性和物质形态进行了分类(刘沛林等,2006)。

5.1.2 景观信息链理论内涵

景观信息链理论又称为景观基因理论、景观记忆链理论。其内涵可以简要地概括为一个目标、两种途径、三个要素(刘沛林,2008)。

一个目标是指景观基因理论的应用目的,即对一个地区的历史文化景观基因进行系统挖掘和整理,将特色文化景观基因进行筛选、提炼,并通过景观的再现和不同组合方式表现出来,以达到对当地特色历史文化科学保护和开发的目的。

两种途径是指构建景观信息廊道的主要方法。第一种途径是指考察一个地区不同历史时期的文化记忆,提炼出该地区的特色文化景观信息,用于一个地区文化景观的恢复和重建;第二种途径是指构建完整的景观信息廊道,来突出和强化一个地区不同于其他地区的景观形象。

三个要素包括景观信息元、景观信息点、景观信息廊道,是景观信息链的主要组成部分。景观信息元就是信息密码、遗传密码,是指影响并控制景观形成、发展的各种自然因子和文化因子,是最核心、最本质、最潜在的东西,包括自然景观信息(基因)元和文化景观信息(基因)元;景观信息点也可称为景观点,是景观信息元的具体物化和外在表现;景观信息廊道也可称为景观走廊,是由若干景观信息点按一定规律组合而成的。总之,不同的景观信息元形成了不同的景观信息点,再由多个景观信息点连接成为一个景观信息廊道。这三个要素从抽象、潜在的散点分布发展到具体、明显的组合聚类,是景观信息链理论最核心的内容(图 5.1)。

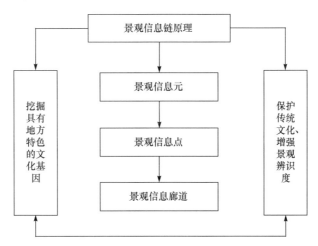

图 5.1 景观信息链原理框架图

景观信息链理论是结合建筑学、城乡规划学、地理学、景观学、历史学、生物学和社会学等众多学科的理论与方法形成的,是一种跨学科研究。结合以上学科,刘沛林首先在景观信息链(基因)理论中提出了具体的景观信息(基因)的确认、分类、识别法则(刘沛林,2003);其次,建立了聚落图示的"胞-链-形"理论,并根据实际分析构建了景观信息(基因)图谱(刘沛林,2011);最后,明确了景观信息(基因)的完整性,即点-线-网-面-体。

总之,景观信息链理论具有以下特点:第一,景观信息链理论以区域为研究对象,重点是对区域进行系统性分析,包括景观信息的识别提取、景观信息图谱的构建及景观的保护与开发。通常已有研究理论对物质层面的分析、保护与开发有很好的支持,但忽视了非物质层面。景观信息链理论很好地弥补了非物质层面的理论缺失,实现了二者的有机结合,如对聚落文化景观的研究,构建了"元、点、线、网、面、体"完整的文化表达系统。第二,景观信息链理论具有高度的综合性。在传统聚落研究方面的表现是:以研究文化为宗旨,分析了人类活动对聚落景观的影响及人与自然之间和谐的关系,并应用于传统聚落的保护与开发。第三,应用景观信息链理论对传统聚落进行分析,能够详尽地挖掘景观背后的文化内涵,构建完整的景观文化剖面。第四,该理论在研究传统聚落文化的基础上,进一步研究了文化信息的表达方式和组合形式。从文化景观的角度出发,通过寻找原生基因、剥离扰动基因、理清文化层理的方式,把传统聚落原生的文化信息寻找出来,并通过重新构建复原文化景观。

受景观信息链理论的启发,以研究地域性特色文化为出发点,应用景观信息链理论的研究思路与方法,对渝东南山地传统聚落及山地传统民居建筑的景观信息进行识别提取,构建相应的景观信息图谱,试图探究在文化传承与传播过程中,传统聚落与民居建筑所体现的文化地域性。

5.2　山地传统民居景观信息元

景观信息元就是遗传密码、信息密码,是指影响并控制景观形成、发展的各种自然因子和文化因子,是最核心、最本质、最潜在的东西,包括自然景观信息元和文化景观信息元。二者相互联系、相互作用、相互影响,共同形成了独特的山地传统民居景观。

5.2.1　文化景观信息元

文化景观信息元又称为文化景观基因元,是影响山地传统民居形态的重要内在因素,在一定程度上决定了民居的形态特征。文化景观信息元主要体现在精神文化层面,与传统聚落的民风民俗、宗教信仰、价值取向、民族文化、制度文化等息息相关,虽然这些景观信息元是非物质形态的,具有一定的抽象性,但它们的作用是不容忽视的(王媛钦,2009)。基于对渝东南山地传统民居景观独特性的认识,认为文化景观信息元主要包括民族文化、山地文化、码头文化和土司文化四个方面。

1. 民族文化

渝东南地区在历史上经历了多次移民及文化融合,形成了当今以土家族、苗族为主的少数民族聚居区,构建了新的文化地域体系,形成了极具特色的民族文化。

(1)丰富多彩的民俗文化,如摆手舞、花灯、民歌、面具阳戏、傩戏、木叶吹奏等,说明土家族、苗族是能歌善舞的民族,需要在聚落中布置一定规模的公共空间场所,如摆手堂、院坝等进行表演(图 5.2、图 5.3)。

图 5.2　原生态摆手舞及摆手堂　　　　　　　　图 5.3　木叶吹奏
资料来源:酉阳县文化馆李化提供　　　　　　　资料来源:酉阳县文化馆李化提供

(2)注重宗族血缘与礼制,渝东南地区传统聚落通常是由一定的亲缘或地缘关系为基础,由家族、宗法作为纽带来维系的小型社会,这直接影响到聚落的空间布局、建筑形制、装饰与色彩、室内陈设等,始终遵循荀子制定的"治田"、"养村"、"定宅"模式。

(3)民间信仰与禁忌较多。渝东南地区各民族总体信仰多神,为多神宗教,表现为对自然的崇拜、图腾的崇拜、祖先的崇拜、鬼神的崇拜、巫术的崇拜等;禁忌也较多,实际上其外在表现往往呈现出人的行为对建筑和土地的限制。

(4)风水文化盛行。渝东南地区曾是巴人生活的地方,风水文化源远流长。人们生活中的许多方面都讲究风水,尤其体现在传统聚落和民居建筑的选址、布局、朝向及室内装饰等方面,追寻"背有靠山,前有向山;依山面水,负阴抱阳"的风水宝地。其实质是寻求一种理想的人居环境。

2. 山地文化

山地作为一种复杂的地貌形态对文化的传承与传播影响颇大,在大多数情况下,文化发展往往形成了特有的封闭形式及独特的孤岛型状态,如土司制度下少数民族社会与外界的隔绝状况——"蛮不出境,汉不入峒",在空间形态上常常表现为呈封闭状的土家族、苗族村寨。不同的文化在受到山地影响后,显示出了保守性、排他性和崇尚个性的特征。在渝东南地区却存在山地河流域和山地腹地域两种细微的差异,与河流域相比,腹地域文化传播摩擦力比较大,并且受外界文化影响较小,文化演进相对较慢,而河流域却具有一定的开放性和兼容性特征。因此,对于渝东南地区而言,地域文化不但具有保守性、排他性,崇尚个性,而且也具有一定的开放性和兼容性,这便是其地域文化的最大特征,也就是沿河古镇古村落建筑形态丰富、风格多样,而山区腹地则相对简单的原因所在(图 5.4、图 5.5)。

图 5.4　山地腹地域传统村落(秀山县金珠苗寨)　　图 5.5　山地河流域传统古镇(黔江区濯水古镇)

3. 码头文化

一般来讲,码头文化是指中下阶层以河岸货运为中心的一群人的文化,其最大的特征之一就是具有吸纳意识。古今中外有很多这样的码头,因为得水利之便人来客往,各种资源、信息、文化在此融汇,往往让它们有了吸收外来优势资源、优秀文化的先天条件,学习、吸纳也就成了码头城镇的风气。许多好的东西,能够很便利、很及时地为其所用。比如上海,一些国际上很时髦的东西、很优势的文化因素,能够比较快捷而便利地被吸纳,从而形成特色鲜明的"海派文化"。这种吸纳意识使码头文化更具有开放性和包容性。渝东南地区因山地因素的限制及河流因素的诱导,产生了独特的码头文化,体现了渝东南地区鲜明的民族个性,大山大川铸就了渝东南男儿热情似火而又坚韧豪迈、女儿柔情似水而又英气勃勃的气概。这在沿河的古镇中体现得非常明显,如石柱县的西沱镇、黔江区的濯水镇、酉阳县的龙潭镇和龚滩镇,不但当地居民具有较强的开放性和包容性,而且当地建筑也形态丰富、风格多样。

4. 土司文化

土司制度是一种封建王朝统治者借助少数民族的地方势力来管理少数民族地区地方事务的特殊统治方式,也是一项带有地方自治性质的管理制度。作为一项适应少数民族地区社会发展需要的基本政治制度,在土司统治时期,渝东南地区少数民族形成了独特的民风民俗及封闭的文化意识,也使民族文化产生了一定的变化:第一,增强了民族内部长幼尊卑的传统;第二,阻碍了区域内外文化的交流与发展,土家族人有"蛮不出境,汉不入峒"的说法,土司制度在控制人口迁移方面有着极其严格的限制,这是渝东南地区少数民族形成特色文化及封闭意识的根源之一;第三,促进了少数民族文化与儒家文化的融合。土司制度后期,封建王朝虽然禁止汉人迁入土司地区,但是为了维护封建统治,封建集权者在土司地区推行儒家文化,兴办儒学。儒学的兴办,使得儒家文化开始渗透到土司地区,使得当地特色文化具备了儒家文化的特征。例如,在儒家思想的影响下,土家族传统民居的建造出现了儒家化的特点——合围的空间形态。

5.2.2　自然景观信息元

自然景观信息元又称为自然景观基因元,由各种自然环境因子所构成,是文化景观生成、存在和发展的必要物质基础,承载着当地居民改造自然、进行技艺创造以满足生活和生存需求的物质源泉,具有有形性、地域性等特征。基于对渝东南山地传统民居景观独特性的认识,我们认为自然景观信息元主要包括地形地貌、气候条件、水文条件和植被条件四个方面。

1. 地形地貌

渝东南地区地处四川盆地的东南部,位于新华夏构造系的渝鄂湘黔隆起褶皱带和四川盆地沉降带中的盆东褶皱带的交汇点,是大娄山和武陵山两大山系相交所形成的盆缘山地地区。中山和低山是渝东南地貌的两大主要类型,自古以来这里便有"八山一水一分田"的说法,多山是渝东南地区的重要标志,为其富有特色地域文化的形成奠定了良好的自然基础(图 5.6)。总之,渝东南地势地貌可以概括为以下几个特点:山地数量众多、山地面积广大;山体较高、坡陡谷深,地势起伏大;喀斯特地貌分布广且发育良好;地势西北高东南低。渝东南独特的地势地貌造就了传统聚落空间分布,使得民居建筑空间形态具有明显的地域性。

图 5.6 渝东南多山的地形地貌

2. 气候条件

渝东南地区属于典型的亚热带湿润季风气候,具有夏季潮热、冬季阴冷、降水丰沛的总体气候特征。具体来讲,主要表现在:①降水丰沛,为重庆两大降水量最多的地区之一,年平均降水量达 1110.7~1355.8mm;②降水季节分配不均,夏季最多,春秋季次之、冬季最少;③降水地区分配有一定差异,东南多西北少;④由于渝东南地区海拔较高,与重庆主城区相比,夏季与冬季气温相对较低,夏季潮热、冬季阴冷;⑤近地面层的终年风速较小;⑥云雾较多、日照时数少。这种夏季潮热、冬季阴冷、降水丰沛的气候特征对民居建筑的布局、形式等有重要影响。例如,降水丰沛导致坡屋顶较陡;气温较高、降水多、湿度大及风速小等因素,导致传统民居更加注重通风散湿而不是保暖,其中空透的阁楼就是其真实的写照。

3. 水文条件

渝东南地区河流纵横、溪流密布、径流量大、流域面积广,有乌江、西水、郁江、阿蓬江等为代表的重要河流,其季节分配与降水相呼应,表现为夏季最多、春秋季次之、冬季最少。河流水情变化及河谷地势地貌具有典型的山区性河流特征。自古以来,河流就对沿岸地区的政治、经济和文化发展起到积极的推动作用,是古代渝东南地区与外界联系沟通的最便捷通道,承载着重要的物质流和文化流,促进了沿岸古镇、古村落的形成。

4. 植被条件

因受亚热带湿润季风气候的影响,渝东南地区植物种类多样、长势繁茂、覆盖率高,提供了丰富的木材资源。正因为木材丰富,该地区逐渐形成了具有一定地域特色的、适合多雨多山特点的穿斗式木结构建筑体系。

5.3　山地传统民居景观信息分类

景观信息分类是联系景观信息图谱与保护路径的纽带,对景观信息所属类型的判断是其选择适宜保护与开发路径的前提。刘沛林等学者提出了属性分类法和物质形态分类法。

属性分类法,就是根据景观信息属性进行的分类,即景观信息可分为主体基因、附着基因、混合基因和变异基因等四种类型。主体基因能够主导传统文化属性,属于最核心的基因类型;附着基因与主体基因相似,都具有识别传统文化的功能,对主体基因起加强的作用;混合基因指的是那些不为该地域特有,不具有识别功能,属于一般性的景观基因类型;变异基因指的是由于社会历史及自然环境的限制,由原景观所派生出的又不完全游离于原景观形态的景观属性。

物质形态分类法,就是根据景观信息的物质形态进行的分类,即景观信息可分为显性景观信息和隐性景观信息两类,二者相辅相成、相互影响、相互作用,共同构成了景观形态的多样性。显性景观信息是物质景观或物质景观的组合直接体现的信息;隐性景观信息其实就是景观信息元,包括文化景观信息元和自然景观信息元。

因此,为了更加科学合理地研究渝东南山地传统民居文化的地域性,作者提出了景观信息的空间形态分类法,首先把山地传统民居分为山地传统民居聚落景观信息和山地传统民居建筑景观信息两大类,其次在此基础上进一步细分。在借鉴刘沛林提出的"景观信息链"理论的基础上,结合凯文·林奇的城市意象理论(城市意象物质形态主要包括道路、边界、区域、节点及标志物等五种构成要素),提出了山地传统聚落景观信息可细分为聚落景观信息点、聚落景观信息线、聚落景观信息面等三种类型;山地传统民居建筑景观信息又可细分为建筑平面景观信息、建筑立面景观信息、建筑剖面景观信息、建筑结构景观信息、建筑材料景观信息等五种类型。这里需要说明的是建筑结构与建筑材料也会进一步体现建筑空间形态,因此,建筑结构景观信息、建筑材料景观信息也应包含在其中。

5.3.1　山地传统聚落景观信息分类

山地传统聚落景观是人类与自然环境长期相互影响、相互作用的共同结果,每一个聚落景观信息点都是景观信息元在一定条件下的外在表现形式,众多的聚落景观信息点通过街道、河流或是道路连接构成了一条聚落景观信息线；多条聚落景观信息线相互交错、穿插，形成了整个传统聚落的平面形态，即聚落景观信息面；景观信息面与周围高低起伏的山地、河流、植被等相融合，构成了一个完整的聚落景观信息图谱。

1. 聚落景观信息点

点是构成一切图形的基础。在景观信息研究过程中，发现聚落景观信息点会受到特定环境的影响，其特征也会随地形地貌、气候、河流及社会文化、生产生活的影响而发生改变。所谓聚落景观信息点是指占据一定的地域空间，内部具有独特优势和功能且表现出明显相似性和连续性的空间形态，明显区别于周围其他景观，是特定景观信息元在一定条件下的外在表现形式，其实聚落中的景观信息点也是一个面，只不过占据的空间比较小而已。根据对渝东南山地传统聚落的考察分析，主要存在以下景观信息点。需要指出的是，并不是所有的传统聚落都具备这些景观信息点，实际情况是有的聚落多一些，有的聚落少一些(图 5.7)。

（1）民居建筑。主要指的是以居住为主的各类建筑，不仅数量大，而且空间形态丰富，有"一"形、"L"形、"凵"形及"口"形等，是构成传统聚落的主体。

（2）会馆。是旧时同省、同府、同乡或同业的人设立的联络机构，主要供同乡、同业聚会或寄寓，主要出现在古镇之中。

（3）祠堂。是宗法礼制发展到一定阶段的必然产物，是宗法观念、祖先崇拜思想的集中体现，主要功能是供族人祭祀祖先、行族权、化解纠纷矛盾，使得家族和睦相处。

（4）宗教建筑。在渝东南地区主要是白虎堂及求祈风调雨顺、五谷丰登的土地庙等，在一些比较开放的沿河古镇还有外来宗教建筑，如在龙潭古镇中的天主教堂。

（5）码头渡口。一般承担着两种职能：一是解决聚落的对外交通，实现人流、物流的交流互换；二是发挥聚落前置导向功能，成为聚落重要的景观。

（6）场口。是出入传统场镇的一个重要交通节点，一般为具有交通集散、休闲聚会等功能的小广场。

（7）村口。同场口相似，是出入村落的一个重要交通节点，一般为具有交通集散、休闲聚会等功能的小广场。但在渝东南地区，因用地条件十分有限，很多村口缺乏小广场，往往有棵大树作为标志。

（8）牌坊。俗称"门楼"或"牌楼"，主要用于旌表或纪念某人某事，根据材料不同，一般分为石质牌坊和木质牌坊，主要出现在古镇之中。

（9）寨门。主要出现在村寨之中，是村寨的标志性建筑之一。

（10）山门。也称朝门，常设在三合院院落前方，其最大特点是门开的"八"字形造型，俗称"八字朝门"，给人一种迎客的亲切感，也象征主人开朗的性格。

（11）戏楼。主要用作表演，供人们休闲娱乐，主要出现在古镇。

（12）院坝。又称为晒坝，主要作为农副业加工、手工业生产、晾晒谷物及居民日常生活休憩的场地。

（13）古桥。主要有石板桥、拱桥、风雨廊桥、木桥等多种类型。

（14）古井。通常位于聚落入口处，呈半封闭、半开放状态，在古镇古村落中比较常

寨门(石泉苗寨)　　　　传统民居(海洋乡)　　　　戏楼(濯水古镇)

场口(后溪镇)　　　　村口(石泉苗寨)　　　　码头渡口(河湾村)

古树(1100年古银杏,苍岭镇)　　古井(龙潭古镇)　　古桥(濯水古镇风雨廊桥)

会馆(龚滩西秦会馆)　　祠堂(龚滩董家祠堂)　　天主教堂(龙潭古镇)

院坝(石柱悦崃镇新城村)　　牌坊(濯水古镇)　　山门(石泉苗寨)

图 5.7　渝东南山地传统聚落部分景观信息点

见,反映了传统聚落历经沧桑的发展史。

(15)古树。山地传统聚落中有许多留存至今的古树名木,在为传统聚落带来优美环境的同时,也见证了传统聚落漫长的历史发展过程。

2. 聚落景观信息线

景观信息线,又称为景观信息廊道,是在景观信息点的基础上逐步演化而来的,它以历史文化信息为基础,由多个景观信息点在空间上按照一定的规律组合与排列而形成链条结构。景观信息线在时间轴上保留了不同历史时期具有代表性的景观信息点,在空间构成上保留了多个不同类型的景观信息点,并将这些景观信息点有序地串联起来。山地传统聚落中的景观信息线包括以下几类(图 5.8)。因受山地地形的影响,它们大多呈曲线、折线形状,与平原地区传统聚落的景观信息线具有明显的差异。

酉水河镇　　　　　　　　　　　　　　　　濯水古镇

图 5.8　聚落景观信息线——山脊、河流与街巷

(1) 水系。通过河流水系,聚落内部的景观信息点被串联起来,成为一条完整的景观信息线,由于水的流动性,整条景观线具有了连续性和动态性。

(2) 山脊线。不仅是传统聚落的自然边界,还是聚落地域的重要景观信息线。

(3) 街巷。山地传统场镇的街巷几乎都有一条主街,规模较大的有多条主街,再由主街派生出若干条小巷,从而形成传统场镇内部的多条景观信息线。

(4) 道路。山地传统村落往往由一条或几条主要道路,再辅以若干乡间羊肠小道,从而构成传统村落内部的多条景观信息线。

3. 聚落景观信息面

从几何的角度,景观信息面是景观在水平面的正投影,可以是规则的,也可以是不规则的。它主要是由若干条景观信息线不断延伸、扩展与交叉而形成的网状空间形态。不同的景观信息面具有不同的空间组合特点,它主要侧重于景观信息的地域整体性表达,是景观信息点的合理搭配及景观信息线的合理连接,最终形成一个具有自身特色的聚落空间组合形态。山地传统聚落在漫长的历史发展过程中,由于各聚落所处自然环境、区位条件及社会文化背景不同,形成了以下三种聚落景观信息面。

1) 团状聚落景观信息面

团状聚落主要存在于地形条件较好的平坦地区,只有足够开阔的土地才能使团状聚落形成。对于渝东南地区而言,广大的山地面积阻碍了团状聚落的产生与发展。但是,渝东南地区的人们充分发挥其聪明才智,利用长期适应环境的结果——穿斗式木构架房屋,因势利导,错落有致,建造了较为特殊的团状聚落景观信息面,一般规模比较小(图 5.9)。

2) 带状聚落景观信息面

渝东南地区河网密布,常常形成山地型河谷,对聚落形态影响很大。聚落沿河谷坡地发展布局,呈线状排列,从而形成带状聚落景观信息面。除受到山地型河谷影响之外,有

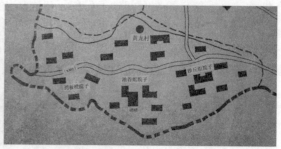

图 5.9　团状聚落景观信息面(石柱县石家乡黄龙村)

资料来源:石柱县城乡建委提供

时还会受到农田的影响,在渝东南地区,平坦肥沃的农田是十分珍贵的生存资源,因此聚落往往沿山脚线呈带状分布(图 5.10)。

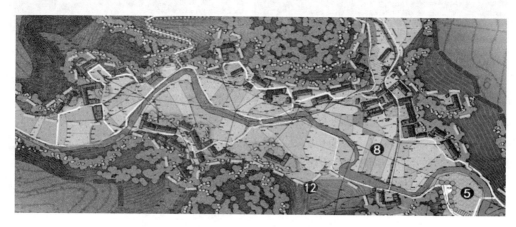

图 5.10　带状聚落景观信息面(秀山县海洋乡田家沟)

资料来源:秀山县规划局提供

3) 散点状聚落景观信息面

散点状聚落主要是受恶劣的地形因素制约,或是由于较少的居民聚居而形成的,在较大的范围内、不同的海拔上零星分布着民居建筑,形成独家独院的景观(图 5.11)。

图 5.11　散点状聚落景观信息面(苍岭镇大河口村)

5.3.2 山地传统民居建筑景观信息分类

山地传统民居大多经历了几百甚至上千年的发展和变迁,有的建筑景观保留了下来,有的则被淘汰。人们现在所看到的传统民居建筑景观,经过了历史长期的检验,其蕴含的景观信息和历史文脉,对于现今山地传统民居的保护、发展与传承,具有十分重要的意义和作用。建筑作为山地传统聚落中最核心的实体要素,对聚落的景观起着关键性作用,其景观信息的分类可以从建筑平面、立面、剖面、结构、材料等五个方面着手。其实这五类建筑景观信息也是构成其图谱的重要因素,也可以分别称作建筑平面景观信息图谱、建筑立面景观信息图谱、建筑剖面景观信息图谱、建筑结构景观信息图谱和建筑材料景观信息图谱。

1. 建筑平面景观信息

建筑平面是建筑最本质、最基本的构成要素,通过建筑的平面形制,可以看出其演化发展的规律,这对于探讨和认识传统建筑文化的本质是有重要意义的。山地传统民居建筑平面布局灵活,空间变化有序,有一定的中轴线而又不受中轴线的束缚,打破了那种对称谨严的格局。整个建筑空间大、中、小相互结合,有着丰富的空间层次,充分体现了小中见大的效果。渝东南山地传统民居的建筑平面可谓丰富多样,从最简单的"一"形,到其衍化出来的"L"形,还有"凵"形、"口"形,以及天井、合院相结合的天井院落等。

2. 建筑立面景观信息

建筑立面是指建筑与外部空间直接接触的界面轮廓及其展现出来的外部形象和构成方式。在不同的历史时期,虽然山地传统民居在一定程度上受到中原建筑文化的影响,但仍具有其独特的地域特色。主要结合山地的起伏,形成高低错落的变化韵律,不仅做到了内部功能的协调,同时还注重外观立面的艺术形式(图 5.12)。山地传统民居的立面造型因地而异,富有变化,尤其是依山、临江而建的建筑群,其单体建筑轻盈活泼、造型轮廓明显,多个单体构成了建筑群体的磅礴形象。此外,巧妙地利用山势增加了建筑的体量,错

图 5.12 民居建筑立面(秀山县大溪乡打捞寨)

落有致的建筑群与山势相嵌合,浑然一体。就民居建筑单体来说,其立面比较低矮,可分为三段式,即台基、屋身、屋顶。

1) 台基

在渝东南地区,传统民居建筑的台基一般不高,大多为 3 个踏步的高度,主要由石灰岩片石或砂岩条石砌筑。

2) 屋身

山地传统民居的屋身能够反映开间的数量及尺寸大小,主要由门窗、柱、骑、穿枋、木板壁等组成,具有一定的形式美规律,体现了这些组成部分的形状、尺度、比例与排列方式,屋身的上部分大多被屋顶深远的挑檐挡住。民居建筑大多 1 层,少部分 2～3 层。

3) 屋顶

通过实地调查发现,渝东南山地传统民居屋顶为坡屋顶,主要有三种形式:悬山式、悬山-批檐式和风火山墙式。其中,风火山墙式屋顶主要集中于沿河两岸的集镇聚落,厢房吊脚楼的屋顶一般为悬山-批檐式,少数为悬山式。

建筑立面一般分为正立面和侧立面,正立面一般为方形,体现了民居建筑典型的三段式;侧立面一般上部为人字形,下部为方形,展现了民居建筑山墙的特征。

3. 建筑剖面景观信息

建筑空间是三维空间,仅仅依靠平面、立面还不能准确完整地表达建筑景观信息,因此还需要从建筑的剖面去反映另一维度的信息。这些信息应包含四个方面的内容,即建筑的层数与建筑高度、室内空间高度、建筑结构形式及建筑竖向空间组合等。在渝东南地区,通过建筑剖面可以发现厢房吊脚楼是如何充分合理地利用地形的,以及抹角屋、阁楼、转角廊等特色空间更多的内部景观信息(图 5.13)。

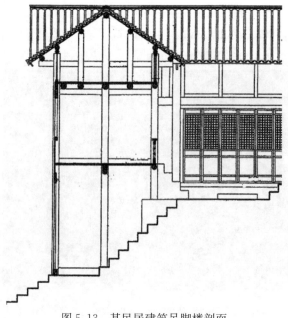

图 5.13　某民居建筑吊脚楼剖面

4. 建筑结构景观信息

渝东南山地传统民居是典型的穿斗式木结构建筑。其特点是用穿枋把柱子串起来，形成一榀榀房架；檩条直接搁置在柱头，檩条上再铺设椽子，椽子上再盖瓦；在沿檩条方向，再用斗枋把柱子连接起来。由此而形成一个整体框架。建筑的每一榀屋架都是由落地的立柱与横向的穿枋构成。柱脚处设有柱础或是简单地以石块作为铺垫，防止木质柱子受潮。为了节省材料，立柱（落地柱）之间的穿枋上再立小柱（又名瓜柱），以承重上面的檩，这一结构称为"骑"。一榀屋架中立柱和骑的数量便确定了建筑进深的大小，如三柱四骑、五柱四骑等。在渝东南地区除了占有主导地位的穿斗式木结构体系之外，还有少部分抬梁式木结构、砖结构、砖木结构、砖石结构、木石结构等传统民居，这些民居大多位于经济相对发达、对外交流较广的古镇之中。

5. 建筑材料景观信息

传统民居建筑材料的选取，与其所处的自然地理环境息息相关。地方建筑材料的运用，不仅是民居地域环境及其物质特征的反映，还包含着浓厚的人文个性。山地传统民居建筑，其建造过程一般就地取材，因地制宜，没有过多的装饰，材料原有特质突出明显，给人一种简朴、自然的印象，从而使得建筑与自然相互融合。建筑材料的使用体现了民居建筑当时的经济水平、生产方式、发展状况及建造技术等，其中，木材的使用占绝大多数，如门窗、柱、骑、穿枋、木板壁及家具陈设等均使用木材。在少部分区域，还有以青砖、石材、生土为主要结构的民居（图 5.14）。除了常见的木材、石材、青砖等建筑材料以外，还用杂草、谷壳、稻草等辅助材料，这样使得建筑结构更加牢固，建筑肌理和纹路更富有变化（余卓群，2010）。

木板壁墙

青石-生土墙

青砖墙

竹篾夹泥墙

图 5.14　渝东南传统民居代表性建筑材料

5.4　山地传统民居景观信息识别

5.4.1　山地传统民居景观信息识别原则

景观信息链理论认为，识别传统聚落和民居建筑的景观信息主要有四大原则，即内在唯一性原则、外在唯一性原则、局部唯一性原则和总体优势性原则（刘沛林等，2006）。作者在这些原则的基础上，结合山地传统民居形成的自然地理环境、历史文化环境及经济社会条件等，认为山地传统民居景观信息识别主要有以下五大原则。

1）整体性原则

一是在景观信息收集中要尽可能通过各种渠道与手段，做到资料齐全、信息完备；二是要全面、广泛地挖掘和整理代表山地传统民居地域特色的景观信息；三是只有构建完整的山地传统民居景观信息评价体系，才能筛选与甄别具有代表性的景观信息。

2）地域性原则

各地的自然和人文环境不同，所造成的传统民居景观信息存在区域差异性。传统民居是一定地域内人们生活经验的总结，是当地特有的建筑形制、空间形态及其社会、经济、文化功能的组合体。可以说，传统民居景观信息是不同民族在不同时代和不同环境中的精神缩影。因此，要真实完整地了解一个地区传统民居的景观信息，必须要坚持地域性原则。

3）参与性原则

山地传统民居景观信息识别是一个复杂的系统工程，需要社会各阶层的广泛参与才能完成。一是需要科研人员加强传统民居景观信息基础理论与识别手段研究，提供必要的技术支撑；二是需要历史文化学者提供相关的历史文化解读；三是提高当地居民的认识水平，使他们积极参与。

4）连续性原则

该原则主要基于时空两个维度。就时间维度而言，一个传统聚落或民居建筑并非一朝一夕就能形成，而是需要经历不同历史时期各种文化的沉淀和积累。因此，其景观信息识别就是尽可能挖掘和筛选出不同历史时期具有代表意义的景观信息，然后通过景观重建、景观修复等方式唤醒传统聚落或民居建筑的历史文化记忆，凸显历史文化的厚重感，增强传统聚落或民居建筑的整体景观意象。就空间维度而言，传统民居景观信息的识别不仅要考虑建筑单体，而且要考虑建筑群、聚落甚至环境，只有从空间整体性出发才能准确地把握传统民居的景观信息。

5）主导性原则

该原则主要是在众多景观信息中挖掘和筛选出最能代表地域特色的主体性景观信息，是景观信息识别的核心，是区别地域文化的重点。何为主体性景观信息，主要从四个方面来理解：一是山地传统民居在内部形成动因上有别于其他传统民居的文化特征，是景观信息识别的核心因子；二是在外部造型上具有显著地域特色，如牛角挑、走马转角楼是渝东南土家族传统民居的典型特征；三是山地传统民居景观信息在其他区域也能找到，但在本地使用量最大且最具特色，如采用柱-骑相结合的榀榀屋架。

5.4.2　山地传统民居景观信息识别方法

景观信息链理论认为,景观信息提取方法主要有元素提取法、图案提取法、结构提取法和含义提取法。这些提取方法也是景观信息识别方法,但作者认为还不够全面,应借鉴美术素描中的观察方法和绘画方法,即整体识别法、结构识别法、透视识别法、投影识别法、对比识别法和概括识别法。整体识别法是将景观对象作为一个整体,从宏观层面进行识别,研究景观的形态特点及其与环境之间的关系;结构识别法是分析景观内部各要素间的组成关系、特殊的结构;透视识别法是根据景观的外在表现,分析其体量、形状、比例、尺度等之间的相互协同关系及其空间效果的方法;投影识别法是将三维的景观转换成二维的方法,是研究景观轮廓、布局及空间形态的方法;对比识别法是把各种景观信息进行筛选、甄别,选择最具代表性景观信息的方法;概括识别法是将复杂景观信息转换成具有简单结构的景观信息。在实际工作中,这些方法是综合应用的。

因此,为了更加科学合理地研究渝东南山地传统民居文化的地域性,本书提出了景观信息的空间形态识别方法,它是根据传统聚落、民居建筑的空间形态特征进行识别的。二者的景观信息表现形式不同,因此,可分为传统聚落与民居建筑两种景观信息空间形态识别方法。其实,该方法是整体识别法、结构识别法、透视识别法、投影识别法、对比识别法和概括识别法等几种方法的综合。

1) 传统聚落景观信息空间形态识别法

按空间形态及聚落发生发展的规律性,山地传统聚落的景观信息可分为点、线、面三大组成部分。实质上,聚落景观信息是通过聚落内部格局、聚落整体形态及其与环境的关系表现出来的,包括点的排列、线的形态、面的轮廓。因此,对于聚落景观信息的空间形态识别就要综合应用上述方法。首先,运用概括识别法,将景观信息点、景观信息线抽象概括出来,明确点的组合排列和线的走向形态;其次,运用结构识别法,将景观信息点、景观信息线结合起来,明确它们的空间组合关系;再次,运用整体识别法和对比识别法,确定传统聚落整体空间形态——团状、带状抑或散点状;最后,根据投影识别法,将聚落投影于环境之中,观察与环境的关系,看是山地型、平坝型还是河谷型聚落景观信息图谱。这种空间形态识别法就是“图底关系”方法的延伸与扩展。

2) 民居建筑景观信息空间形态识别法

对于民居建筑而言,其空间形态景观信息可分为平面、立面、剖面、结构、材料五大组成部分。与传统聚落注重研究景观信息平面形态不同,民居建筑更加注重景观信息三维空间形态的研究。首先,运用投影识别法、结构识别法和对比识别法,将建筑的平面、立面、剖面分别进行景观信息解读,明确建筑平面是“一”形、“L”形、“凵”形还是“口”形,研究建筑立面三段式——台基、屋身、屋顶的比例、尺度及构图特征,明确建筑层数与高度、室内空间大小、建筑结构形式及建筑竖向空间组合等建筑剖面特征;其次,运用整体识别法和透视识别法,对建筑体形进行景观信息解读,深入了解建筑物外形总的体量、形状、比例、尺度等之间的相互协同关系及其空间效果;再次,运用结构识别法,对建筑结构进行景观信息解读,明确是穿斗式木结构,还是抬梁式木结构、砖结构、砖木结构、砖石结构、木石结构等结构类型;最后,运用结构识别法和对比识别法,对建筑材料进行景观信息解读,明确是以木材为主,还是以石材、青砖、生土等材料为主。实际上,只有综合灵活运用上述方法才能快速准确地识别民居建筑的景观信息。

5.5 山地传统民居景观信息图谱构建

一直以来,人们对于渝东南山地传统民居的关注主要集中于它的旅游价值。事实上,传统民居作为历史文化信息的主要载体,如何对其景观信息进行解剖和展示,这是首先要解决的问题。本章主要以深入挖掘传统民居景观信息为目的,借鉴已有景观信息图谱的构建方法,试图从传统聚落和民居建筑两个层面,揭示渝东南山地传统民居景观信息的基本结构及其规律。因此,只有通过对山地传统民居景观信息图谱的构建,才能很好地将其景观信息进行表达。

5.5.1 山地传统聚落景观信息图谱构建

渝东南地区是典型的山地区域,特殊的地理环境是特色文化形成与发展的基本前提。复杂的地形地貌造成了与外界相对隔绝的封闭环境,千差万别的自然条件又将地理空间进行多重分割,这在一定程度上导致了渝东南地区的人文环境存在"大分散、小聚集"的空间格局。这种独特的自然-人文环境造就了独特的山地传统聚落,其景观信息图谱是通过"点→线→面"这一路径综合表现出来的。在渝东南地区,传统聚落景观信息面主要表现为团状聚落、带状聚落与散点状聚落三种空间形态。这里的"山地"是广义的山地概念,如果根据山地内部细微的差异,还可以进一步细分为山地型、平坝型、河谷型等三种地形。因此,渝东南山地传统民居聚落的景观信息图谱构成要素如图 5.15 所示。

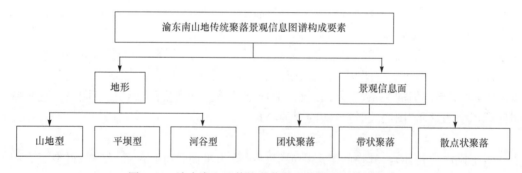

图 5.15 渝东南山地传统聚落景观信息图谱构成要素

每一种地形与景观信息面组合,就会形成相应的聚落景观信息图谱。因此,渝东南山地传统民居聚落的景观信息图谱数计算公式如下:

$$Y = C_n^1 C_m^1, \quad n=3, \quad m=3$$
$$Y = C_3^1 C_3^1 = 3 \times 3 = 9$$

式中,Y 为山地传统聚落景观信息图谱数量;n 为地形类型数量;m 为景观信息面类型数量。

从理论上讲,渝东南山地传统民居聚落的景观信息图谱有 9 种形式(图 5.16),也可用矩阵来表示：

$$\begin{bmatrix} 山地型 \\ 平坝型 \\ 河谷型 \end{bmatrix} (团状聚落 \quad 带状聚落 \quad 散点状聚落)$$

$$= \begin{bmatrix} 山地型团状聚落 & 山地型带状聚落 & 山地型散点状聚落 \\ 平坝型团状聚落 & 平坝型带状聚落 & 平坝型散点状聚落 \\ 河谷型团状聚落 & 河谷型带状聚落 & 河谷型散点状聚落 \end{bmatrix}$$

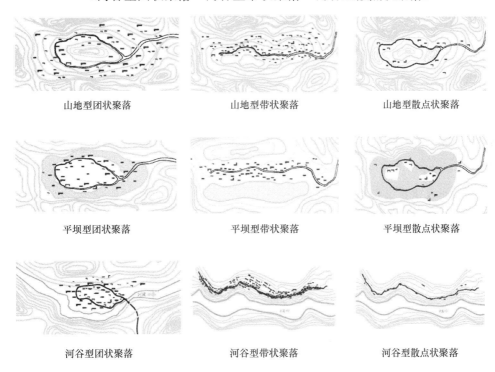

山地型团状聚落 　　　 山地型带状聚落 　　　 山地型散点状聚落

平坝型团状聚落 　　　 平坝型带状聚落 　　　 平坝型散点状聚落

河谷型团状聚落 　　　 河谷型带状聚落 　　　 河谷型散点状聚落

图 5.16　渝东南山地传统聚落景观信息图谱示意图

5.5.2　山地传统民居建筑景观信息图谱构建

渝东南山地传统民居建筑在过去的历史发展中,形成了一种独特而完整的建筑体系,但由于区域内部的自然环境条件、经济发展水平、历史文化背景及家族人口数量的变化等存在一定的差异,建筑取材也不尽相同,所以其建筑在一个以木结构为主的大背景下,又派生出许多独具地域特色的建筑景观,构成了丰富多彩的建筑景观信息图谱,比聚落景观复杂得多。依据渝东南山地传统民居建筑景观信息的分类,可将其建筑景观信息图谱要素归纳成图 5.17。

由此可见,渝东南山地传统民居建筑景观信息图谱由建筑平面、建筑立面、建筑剖面、建筑结构、建筑材料等五个要素构成,这五个要素又可细分为多个不同的因子。现将这五个要素分别设为 n、m、p、q、r。由于建筑结构与主要的建筑材料具有一定的雷同性,所以建筑材料 r 可省略;由于建筑立面的台基、屋身、屋顶又有不同的表现形态,台基因变化不

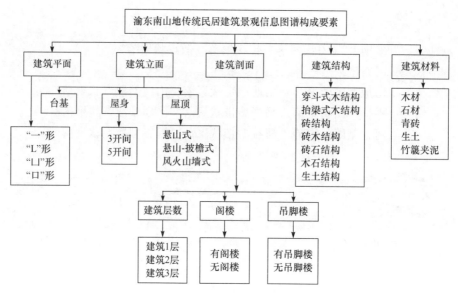

图 5.17　渝东南山地传统民居建筑景观信息图谱构成要素

大可忽略,所以建筑立面 $m=2\times3=6$;由于建筑剖面反映的建筑层数、阁楼、吊脚楼又有不同的差异,所以建筑剖面 $p=3\times2\times2=12$。于是 $n=4,m=6,p=12,q=7$。综上所述,渝东南山地传统民居建筑的景观信息图谱数计算公式如下:

$$Y=C_n^1 C_m^1 C_p^1 C_q^1$$
$$Y=C_4^1 C_6^1 C_{12}^1 C_7^1=4\times6\times12\times7=2016$$

从理论上讲,渝东南传统民居建筑的景观信息图谱可达 2016 种表现形式。虽然实际中的民居建筑景观图谱没有这么多,但从另一个角度也说明了渝东南地区传统民居建筑形态的丰富性。正是渝东南复杂多样的地形、丰富的建筑材料、悠久的历史文化积淀及各种外来文化的影响,才造就了民居建筑形态的丰富多彩。其命名可采用如下形式:山地"一"形三开间悬山式一层穿斗式木结构民居、山地"一"形三开间悬山阁楼式一层穿斗式木结构民居、山地"L"形三开间悬山阁楼式一层穿斗式木结构吊脚楼民居……

经过实地走访与调研,作者认为具有普遍性并最能反映渝东南山地传统民居建筑景观信息的关键因子如下:①建筑平面,包括"一"形、"L"形、"凵"形、"口"形等四种类型;②建筑屋顶,主要包括悬山式、悬山-披檐式两种;③有无吊脚楼两种;④建筑结构与材料,主要有穿斗式木板壁一种。理论上讲应该有 16 种图谱,但在组合过程中由于有的有重复,如吊脚楼均为悬山-披檐式屋顶,"一"形与"口"形一般无吊脚楼形式等,所以经过仔细甄别和选择,认为最典型、最普遍、最有代表性的山地传统民居建筑景观信息图谱有六种,即"一"形穿斗式木板壁悬山式民居、"L"形穿斗式木板壁悬山式民居、"L"形穿斗式木板壁吊脚楼民居、"凵"形穿斗式木板壁悬山式民居、"凵"形穿斗式木板壁吊脚楼民居、"口"形穿斗式木板壁民居(图 5.18)。由此可见,建筑平面形制、建筑屋顶形式及有无吊脚楼是渝东南山地传统民居建筑最关键的景观信息基因。

"一"形穿斗式木板壁悬山式民居　　　"L"形穿斗式木板壁悬山式民居　　　"L"形穿斗式木板壁吊脚楼民居

"凵"形穿斗式木板壁悬山式民居　　　"凵"形穿斗式木板壁吊脚楼民居　　　"口"形穿斗式木板壁民居

图 5.18　渝东南山地传统民居建筑代表性景观信息图谱

5.6　古镇型山地传统民居景观信息图谱构建
——以酉阳县龚滩古镇为例

5.6.1　龚滩古镇景观信息元

龚滩古镇位于重庆市酉阳县西部,与贵州省铜仁市沿河县隔江相望,坐落于乌江与阿蓬江交汇处的乌江东岸的凤凰山麓,是一座具有 1700 多年历史的重庆市级历史文化名镇,是国家 AAAA 级旅游景区、乌江画廊核心景区(图 5.19)。2004 年,因乌江彭水电站的修建,乌江水位将大幅度提高,千年历史重镇将被全部淹没。为了保护这一历史古镇,于 2006 年,地方政府启动了迁建异地保护的模式,根据"原规模、原风貌、原特色、原形制、原工艺"和"保护历史真实性"的原则,将古镇整体搬迁至乌江下游距原址 1.5 公里处的小银村白水洞。2009 年,搬迁复建工程总体上完成并举行了开街仪式。新址与原址的地形地貌非常接近,使得古镇得到了较好的异地保护。

1. 文化景观信息元

1) 民族文化

龚滩古镇人口以土家族、苗族为主,形成了丰富多彩的民俗文化,有土家摆手舞、阳戏、哭嫁、打绕棺、乌江船工号子、放河灯等(图 5.20、图 5.21);注重宗族血缘与礼制;注重对自然的崇拜、图腾的崇拜、祖先的崇拜、鬼神的崇拜、巫术的崇拜等;讲究风水,风水文化盛行。

图 5.19　龚滩古镇区位示意图

图 5.20　哭嫁

图 5.21　打绕棺

2）山地文化

龚滩古镇位于乌江旁，依山傍水，属于河流域山地文化，具有一定的开放性和兼容性特征。

3）码头文化

龚滩古镇的兴盛与"搬滩"的历史背景密不可分。由于山岩塞江而形成险滩，船行至此，其货物必须经人力"搬滩"转运另行装载。再加上龚滩是川（渝）黔的交通要塞，各地商贾云集，古镇成为货物、客商集散的中转站，具有一定的开放性和包容性。

4）土司文化

在土司统治时期，龚滩古镇形成了独特的民风民俗及封闭的文化意识，也使民族文化产生了一定的变化。

2. 自然景观信息元

龚滩古镇位于乌江、阿蓬江交汇处的乌江东岸的阶地上，背依山势陡峭的凤凰山，两岸是相对高度为 300m 以上的深丘区（图 5.22），属于典型的亚热带湿润季风气候，具有四季分明、夏季高温多雨、冬季阴冷潮湿、云雾多日照少、风速小的气候特征。

图 5.22　龚滩古镇自然景观

总之，龚滩古镇受到独特的人文景观信息元与自然景观信息元的综合影响与控制，形成了颇具特色的山地传统聚落景观。

5.6.2　龚滩古镇聚落景观信息图谱构建

1. 古镇聚落景观信息分类

1）景观信息点

通过对龚滩古镇的走访调查和数据统计，古镇有牌坊、寺庙、祠堂、会馆、戏楼、码头、梯道、古桥、石碑、场口、商铺、重点民居建筑等众多景观信息点（表 5.1、图 5.23、图 5.24）。

表 5.1　龚滩古镇主要景观信息点

序号	类型	名称
1	寺庙	川主庙、三抚庙、武庙
2	祠堂	董家祠堂
3	会馆	西秦会馆
4	戏楼	西秦戏楼、川主庙戏楼
5	村口	第一关、文昌阁
6	场口	川主庙前广场、桥重桥广场、巨人梯广场
7	古桥	桥重桥
8	码头	千年盐码头、巨石码头、水运码头
9	梯道	巨人梯、签门口
10	石碑	永定成规碑、鲤鱼跳龙门、第一关石刻
11	重点民居建筑	冉家院子、董家院子、夏家院子、倪家院子
12	商铺、仓库	杨家行、织女楼、蟠龙楼、木王客栈、田氏阁楼、半边仓

牌坊	寺庙(三抚庙)	村口(文昌阁)
会馆(西秦会馆)	祠堂(董家祠堂)	重点民居(冉家院子)
场口(桥重桥广场)	古桥(桥重桥)	重点民居(夏家院子)
码头	梯道	仓库(半边仓)

图 5.23　龚滩古镇主要景观信息点示例

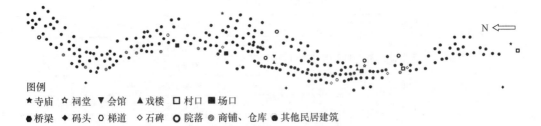

图例
★寺庙　☆祠堂　▼会馆　▲戏楼　□村口　■场口
●桥梁　◆码头　○梯道　◇石碑　◎院落　◉商铺、仓库　●其他民居建筑

图 5.24　龚滩古镇主要景观信息点分布

2) 景观信息线

　　古镇主要沿乌江曲折的岸线呈带状分布,根据线的类型,古镇有一字街、半边街、廊式街、爬山街。①一字街。古镇街道呈一字形沿江岸自由延伸,蜿蜒曲折,横贯南北(图5.25)。②半边街。受陡峭地形的限制,打破传统街巷临街两侧布置店宅等建筑的模式,仅在道路一侧布置建筑,另一侧是陡峭的山崖或临江水面。建筑布局有两种方式,较常见的是建筑依附山崖一侧,街巷道路临江悬崖,形成视野开阔的街巷空间特色(图5.26);或是街道依

靠崖壁山体,建筑临江或临坎,凌空吊脚,形成险峻的街巷空间环境。③廊式街。在半边街的基础上,利用街道的上空构筑廊式建筑,即过街楼(图 5.27),占天不占地,形成了巴渝文化环境特有的廊式街道。一字街、半边街和廊式街基本上是沿等高线的走向自由形成的,宛若蛇形,也称为蛇形街。其实,一字街中包含了部分半边街和廊式街。④爬山街巷。联系街巷与水路交通,依山而上的爬山街,垂直等高线或与等高线斜交而上,通过狭窄的街巷或建筑架空的过街楼与主要街巷取得联系,这是沿江山地街巷空间的一大特色,在龚滩古镇尤为典型(图 5.28)。

图 5.25　一字街　　　　　　　　图 5.26　半边街

　　根据道路类型,龚滩古镇景观信息线有主线和支线之分。其中,主线为一字街,即聚落内规模最大、包含信息最多的线路,由常乐街、西秦街、未央街、知珍里街构成,总长约1.5km;支线为爬山街,长度较短(图 5.29)。

图 5.27　过街楼　　　　　　　　图 5.28　爬山街

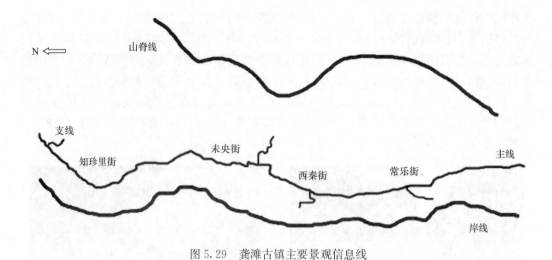

图 5.29　龚滩古镇主要景观信息线

3) 景观信息面

景观信息面是由景观信息点、景观信息线有机组合所形成的水平形态。龚滩古镇位于乌江、阿蓬江交汇处的乌江东岸的狭长地带,因此形成了带状的景观信息面(图 5.30)。

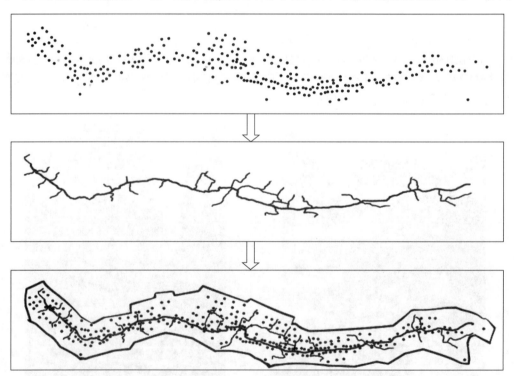

图 5.30　龚滩古镇聚落景观信息面生成

2. 古镇聚落景观信息图谱构建

综合并分别运用概括识别法、结构识别法、整体识别法和投影识别法等聚落空间形态识别法,在确定景观信息点、景观信息线、景观信息面等传统聚落景观信息图谱构成要素的基础上,经过组合连接,并考虑地形因素,即

$$龚滩古镇聚落景观信息图谱=地形+聚落景观信息面$$
$$=河谷型+带状聚落$$
$$=河谷型带状聚落$$

因此,龚滩古镇聚落景观信息图谱为河谷型带状聚落。

背靠大山、面向乌江是龚滩古镇空间形态构成的特点,也是聚落景观信息图谱构成的基础。古镇充分结合山地河谷条件,与自然环境相协调,随地形的变化而变化,建筑高低错落,组合丰富多样;地形的转折,使聚落沿等高线的走向蜿蜒变化,结合环境的带状分布,从而形成了典型的河谷型带状聚落景观信息图谱(图5.31)。

图 5.31　龚滩古镇聚落景观信息图谱——河谷型带状聚落

5.6.3　龚滩古镇民居建筑景观信息图谱构建

1. 民居建筑景观信息分类

1)建筑平面景观信息

龚滩古镇的传统民居包含完整的四种形制:"一"形、"L"形、"凵"形、"口"形,其中,

"一"形最多,其次为"L"形,"凵"形、"口"形最少。代表性"凵"形民居为冉家院子、董家院子、夏家院子等;代表性"口"形民居为西秦会馆(图5.32)。

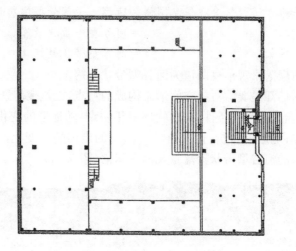

图 5.32　西秦会馆平面图

资料来源:重庆大学城市规划与设计研究院.2012.重庆市级历史文化名镇酉阳县龚滩镇保护规划

2)建筑立面景观信息

主要表现在屋身和屋顶两个方面。屋身可通过开间数和层数来体现,在龚滩古镇调查中,绝大多数为3开间,重要的公共建筑为5开间,如西秦会馆、杨家行等(图5.33);绝大多数为2~3层,1层和3层以上的比较少。屋顶为坡屋顶,主要有3种形式——悬山式、悬山-披檐式、风火山墙式。

杨家行侧立面图　　　　杨家行沿江立面图　　　　杨家行沿街立面图

图 5.33　杨家行立面图

资料来源:重庆大学城市规划与设计研究院.2012.重庆市级历史文化名镇酉阳县龚滩镇保护规划

3)建筑剖面景观信息

建筑剖面主要反映建筑内部空间在垂直方向的空间组合关系。在龚滩古镇,绝大多数民居为2~3层,部分民居还有阁楼、外廊,主要是通过木楼梯解决垂直交通问题(图5.34)。

4)建筑结构景观信息

龚滩古镇传统民居建筑的结构多为木结构,且绝大多数为穿斗式木结构,只有极个别建筑为抬梁式木结构[如冉家院子(图5.35)],少数为砖木结构。

5)建筑材料景观信息

龚滩古镇传统民居的建筑材料主要为木材,其次为青砖、青石。

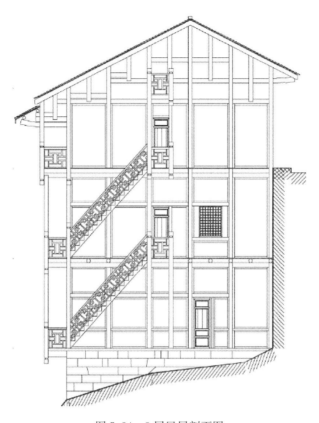

图 5.34　3 层民居剖面图

资料来源:重庆大学城市规划与设计研究院.2012.重庆市级历史文化名镇酉阳县龚滩镇保护规划

图 5.35　龚滩古镇冉家院子抬梁式木结构

2. 民居建筑景观信息图谱构建

　　综合并分别运用整体识别法、结构识别法、透视识别法、投影识别法、对比识别法和概括识别法等空间形态识别法,在确定建筑平面、建筑立面、建筑剖面、建筑结构、建筑材料等传统民居建筑景观信息图谱构成要素的基础上，经过组合连接，形成了最终的景观信息图谱，其景观信息图谱构成要素如图 5.36 所示。

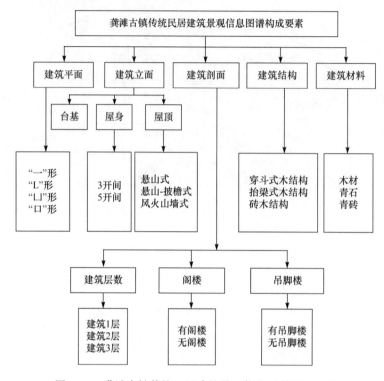

图 5.36 龚滩古镇传统民居建筑景观信息图谱构成要素

由此可见，龚滩古镇山地传统民居建筑景观信息图谱由建筑平面、建筑立面、建筑剖面、建筑结构、建筑材料等五个要素构成，这五个要素又可细分为多个不同的因子。现将这五个要素分别设为 n、m、p、q、r。由于建筑结构与主要的建筑材料具有一定的雷同性，所以建筑材料 r 可省略；由于建筑立面的台基、屋身、屋顶又有不同的表现形态，台基因变化不大可忽略，建筑立面 $m=2×3=6$；由于建筑剖面反映的建筑层数、阁楼、吊脚楼又有不同的差异，建筑剖面 $p=3×2×2=12$。于是 $n=4$，$m=6$，$p=12$，$q=3$。综上所述，龚滩古镇山地传统民居建筑的景观信息图谱数计算公式如下：

$$Y=C_n^1 C_m^1 C_p^1 C_q^1$$
$$Y=C_4^1 C_6^1 C_{12}^1 C_3^1=4×6×12×3=864$$

从理论上讲，龚滩古镇传统民居建筑的景观信息图谱可达 864 种，但实际上远没有这么多。经过实地走访与调研，作者认为具有普遍性并能反映龚滩古镇山地传统民居建筑景观信息的关键因子为：①建筑平面，包括"一"形、"L"形、"凵"形、"口"形等四种类型；②建筑屋顶，主要包括悬山式、悬山-披檐式、风火山墙式等三种；③有无吊脚楼两种；④建筑结构与材料，主要有穿斗式木板壁、砖木结构两种。理论上讲应该有 48 种图谱，但在组合过程中由于有的重复，有的在实际中根本就没有，如"一"形与"口"形一般无吊脚楼形式。因此，经过仔细甄别和选择，认为最典型、最普遍、最有代表性的山地传统民居建筑景观信息图谱是："一"形穿斗式木板壁悬山式民居、"一"形穿斗式木板壁悬山-披檐式民居、"L"形穿斗式木板壁悬山式民居、"L"形穿斗式木板壁悬山-披檐式民居、"L"形穿斗式木板壁吊脚楼民居、"凵"形穿斗式木板壁悬山式民居、"凵"形穿斗式木板壁吊脚楼民居、"凵"形穿斗式风火山墙式民居、"凵"穿斗-抬梁式木结构风火山墙式民居、"口"形穿斗式木板壁民居、"口"形砖木结构民居、"口"形砖木结构风火山墙式民居，共 12 种图谱（图 5.37）。

"一"形穿斗式木板壁悬山式民居

"一"形穿斗式木板壁悬山-披檐式民居

"L"形穿斗式木板壁悬山式民居

"L"形穿斗式木板壁悬山-披檐式民居

"L"形穿斗式木板壁吊脚楼民居

"凵"形穿斗式木板壁悬山式民居

"凵"形穿斗式木板壁吊脚楼民居

"凵"形穿斗式风火山墙式民居

"凵"穿斗-抬梁式木结构风火山墙式民居

"口"形穿斗式木板壁民居

"口"形砖木结构民居

"口"形砖木结构风火山墙式民居

图 5.37　龚滩古镇山地传统民居建筑代表性景观信息图谱

由此可见，龚滩古镇山地传统民居建筑景观信息图谱比前面分析的渝东南多了六种类型。一方面说明龚滩古镇在历史上具有一定的开放性，外来文化影响显著，如风火山墙式民居明显增多，并且经过了异地迁建保护，也增加一些新的图谱；另一方面说明建筑景观信息图谱，特别是典型性和代表性的图谱具有一定的相对性和区域性，在某个区域具有典型性和代表性,但在另一个区域可能就不是,如风火山墙式民居在整个渝东南地区就不具有典型性和代表性,但在龚滩古镇就具有典型性和代表性,这就从另一个角度证明了传统民居建筑文化具有显著的地域性。

5.7　传统村落型山地传统民居景观信息图谱构建
——以秀山县清溪场镇大寨村为例

大寨村位于秀山县清溪场镇西南角,距县城约 26km,坐落于鸡公岭东侧的山脚下,具有悠久的历史和深厚的文化底蕴,聚落景观和建筑风貌保存完整,特色明显,于 2014 年被选为第三批中国传统村落(图 5.38)。

图 5.38　大寨村区位示意图

5.7.1　大寨村传统村落景观信息元

1. 文化景观信息元

1) 民族文化

大寨村有 700 多年的历史,是平茶(现清溪场镇一带)土司杨光彤家族于南宋德祐元年来此定居而形成的,已传了 34 代。最初原名为黑虎寨,清朝末年改为大寨。全村现有村民 255 户共 1031 人,土家族人口占 90%,面积 3.4km²。有祖传的族规遗训,宗族文化、风水文化典型,有花灯、龙灯、摆手舞等民俗艺术,独具地方特色(图 5.39)。

2) 山地文化

山地的阻隔和偏远的地理位置,使得这里形成了较为封闭的社会环境,属于腹地域山地文化,其文化的封闭性和个性较为突出,土家族传统文化得到了较好的传承,民居建筑保存完整,被誉为秀山县土家族传统建筑的活标本。

图 5.39　秀山花灯戏及灯彩

2. 自然景观信息元

大寨村四面环山,平均海拔 640 多米,森林覆盖率达 50% 以上。响水岩的溪流贯穿全境,为村落提供了充足的生活及农业用水,属于亚热带湿润季风气候,年降水量 1200mm,年均温度约 18℃,生态保护良好,环境十分宜人,为典型的腹地域山地传统村落。山、水、林、田构成了村落的自然景观信息元(图 5.40)。

图 5.40　大寨村传统村落自然景观

5.7.2　大寨村传统村落景观信息图谱构建

1. 传统村落景观信息分类

1) 景观信息点

大寨村为典型的传统农耕村落,由于自然地形的限制及社会经济发展滞缓,其景观信息点主要为古建筑、传统民居、寨门等,不仅种类比较单一,而且数量也较少(表 5.2、图 5.41、图 5.42)。

表 5.2　大寨村传统村落主要景观信息点

序号	类型	数量	说明
1	古建筑	4	清代,保存完好
2	传统民居	222	民居建筑时间大于 30 年

续表

序号	类型	数量	说明
3	古桥	5	2座完好,3座损坏
4	古井	1	保存完好
5	山门	2	保存完好
6	石刻	1	保存完好
7	名木	4	珍贵品种乔木

古建筑(清代)　　　　　　　　古井　　　　　　　　古桥

传统民居　　　　　　　　山门　　　　　　　　名木(楠木)

图 5.41　大寨村传统村落部分景观信息点示例

图例
■ 古建筑
● 传统民居
▲ 古桥
○ 古井
□ 山门
◆ 石刻
● 名木

图 5.42　大寨村传统村落主要景观信息点分布

2) 景观信息线

大寨村传统村落景观信息线由山脊线和道路线组成。聚落内道路分为主要道路和次要道路,其中,主要道路有 2 条,为宽 2.5～3.5m 的水泥路面;次要道路为宅间道路,由石板路和泥土路组成(图 5.43)。

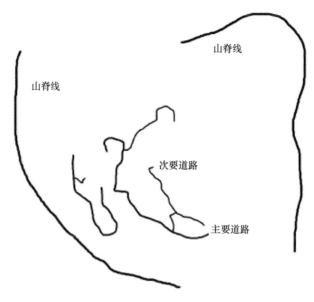

图 5.43　大寨村传统村落主要景观信息线

3）景观信息面

景观信息面就是由景观信息点、景观信息线有机组合所形成的水平形态。由于整个村落四面环山，中间比较平坦，形成了团状的景观信息面（图 5.44）。

图 5.44　大寨村传统村落景观信息面生成

2. 传统村落景观信息图谱构建

综合并分别运用概括识别法、结构识别法、整体识别法和投影识别法等聚落空间形态识别方法，在确定景观信息点、景观信息线、景观信息面等传统村落景观信息图谱构成要素的基础上，经过组合连接，并考虑地形因素，得出：

$$大寨村传统村落景观信息图谱＝地形＋村落景观信息面$$
$$＝山地型＋团状聚落$$
$$＝山地型团状聚落$$

因此，大寨村传统村落的景观信息图谱为山地型团状聚落。

四面环山、中间地形相对平缓是大寨村传统村落空间形态构成的典型特征，成为村落景观信息图谱构成的基础。传统村落充分结合山地条件，与自然环境相协调，随地形的变化而变化，建筑层层叠叠、高低错落，形成了背山面水（包括河流与水田）的团状聚落（图 5.45）。

图 5.45　大寨村传统村落景观信息图谱——山地型团状聚落

5.7.3　大寨村民居建筑景观信息图谱构建

1. 民居建筑景观信息分类

（1）建筑平面景观信息。大寨村的传统民居建筑平面为"一"形、"L"形和"凵"形，没有"口"形，其中，"一"形最多，"凵"形最少。

（2）建筑立面景观信息。民居建筑绝大多数为 3 开间，极少数为 5 开间，只有 1 层；屋顶为坡屋顶，只有悬山式 1 种形式，比较单一。

（3）建筑剖面景观信息。绝大多数民居为 1 层，大部分民居有阁楼。

（4）建筑结构景观信息。只有穿斗式木结构 1 种。

（5）建筑材料景观信息。只有木材 1 种。

2. 民居建筑景观信息图谱构建

综合并分别运用整体识别法、结构识别法、透视识别法、投影识别法、对比识别法和概括识别法等空间形态识别法，在确定建筑平面、建筑立面、建筑剖面、建筑结构、建筑材料等传统民居建筑景观信息图谱构成要素的基础上，经过组合连接，形成了最终的景观信息图谱（图 5.46）。

由此可见，大寨村山地传统民居建筑景观信息图谱由建筑平面、建筑立面、建筑剖面、建筑结构、建筑材料 5 个要素构成，这 5 个要素又可进行细分。现将这 5 个要素分别设为 n、m、p、q、r。由于建筑结构与主要的建筑材料均为木材，q 与 r 可省略；由于建筑立面的台基、屋身、屋顶又有不同的表现形态，台基因变化不大可忽略，建筑立面 $m=2\times1=2$；由于建筑剖面反映的建筑层数、有无阁楼等差异，建筑剖面 $p=1\times2=2$。于是 $n=3$，$m=2$，$p=2$。综上所述，大寨村山地传统民居建筑的景观信息图谱数计算公式如下：

$$Y=C_n^1 C_m^1 C_p^1$$

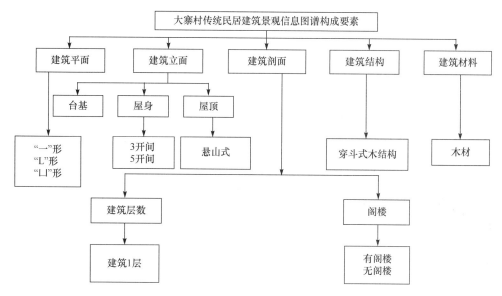

图 5.46　大寨村传统民居建筑景观信息图谱构成要素

$$Y = C_3^1 C_2^1 C_2^1 = 3 \times 2 \times 2 = 12$$

从理论上讲,大寨村传统民居建筑的景观信息图谱可达 12 种,但实际上远没有这么多。经过实地走访与调研,作者认为具有普遍性并能反映大寨村山地传统民居建筑景观信息的关键因子如下:①建筑平面,包括"一"形、"L"形和"凵"形共三种类型;②建筑屋顶,只有悬山式 1 种形式;③无吊脚楼 1 种类型;④建筑结构与材料,均为木材 1 种。因此,大寨村传统民居建筑的景观信息图谱只有三种:"一"形穿斗式木板壁悬山式民居、"L"形穿斗式木板壁悬山式民居、"凵"形穿斗式木板壁悬山式民居(图 5.47)。

由此可见,大寨村山地传统民居建筑景观信息图谱比前面分析的渝东南地区少了三种类型,比龚滩古镇少了九种类型。一方面说明大寨村传统村落十分封闭,受外来文化影响小,因该村落为秀山土司的后裔,一直居住至今,文化比较单一;另一方面说明土家族吊脚楼风格及"口"形的建筑形制不一定会在每一个传统村落中出现,这进一步说明在渝东南土家族地区内部存在着一定的文化孤岛型现象,也从另一个角度证明了传统民居建筑文化具有显著的地域性。

"一"形穿斗式木板壁悬山式民居　　　"L"形穿斗式木板壁悬山式民居　　　"凵"形穿斗式木板壁悬山式民居

图 5.47　大寨村山地传统民居建筑代表性景观信息图谱

5.8　本　章　小　结

　　本章在景观信息链理论及凯文·林奇城市意象理论的基础上,为了科学合理地识别渝东南山地传统民居景观信息,归纳总结出了景观信息的空间形态分类,即传统聚落景观信息的"点、线、面",以及民居建筑景观信息的"平面、立面、剖面、结构和材料"的分类体系,构建了相应的景观信息图谱。研究认为渝东南地区传统聚落主要有九种景观信息图谱,传统民居建筑主要有六种景观信息图谱。最后以酉阳县龚滩古镇和秀山县清溪场镇大寨村传统村落为例进行了实证研究。通过对山地传统聚落和民居建筑的景观信息图谱构建,可以有效地挖掘其地域特色文化,明确具有价值的聚落和民居建筑,这对将来的评价、保护与传承有着重要的实际意义。

第6章　渝东南山地传统民居文化评价体系

前面从定性的角度分析了渝东南山地传统聚落及其民居建筑的文化地域性,并构建了相应的景观信息图谱。那么如何从定量的角度来进一步分析山地传统民居文化的地域性,如何构建科学合理的山地传统民居文化评价体系,这将是本章重点探讨的内容,也将为渝东南山地传统民居文化保护与传承提供科学依据。本章将从传统聚落的角度来探讨山地传统民居文化的评价。

6.1　我国有关评价体系概况

6.1.1　中国历史文化名镇(村)评选标准及评价体系

1. 评选标准

2003 年,建设部和国家文物局在公布第一批中国历史文化名镇(村)时,联合颁布了《中国历史文化名镇(村)评选办法》,对名镇(村)评选的基本条件及评价标准做出了规定,即对历史价值与风貌特色、原状保存程度、现状具有一定规模和保护管理等四个方面做出了明确的规定。

历史价值与风貌特色是指名镇(村)的建筑形式、空间形态和历史文化内涵,即建筑遗产、文物古迹遗产和传统文化比较集中,能够完整地反映某一时期的传统风貌、地方特色、民族风情,具有较高的文化、历史、艺术和科学价值。原状保存程度是指名镇(村)内历史建筑群或建筑物的保存完好程度,即镇(村)内历史传统建筑群、建筑物及其建筑细部和环境原貌基本上保存完好;原建筑群、建筑物及其环境虽曾倒塌破坏,但已按原貌整修恢复;原建筑群及环境虽部分倒塌破坏,但"骨架"尚存,部分建筑细部保存完好。现状具有一定规模是指名镇(村)保存历史建筑的整体规模大小,即镇的现存历史建筑面积应在 5000m² 以上,村的现存历史建筑面积应在 2500m² 以上。保护管理是指名镇(村)在保护管理过程中,已编制科学合理的村镇总体规划和保护规划,设置了有效的保护管理机构,配备了专业保护人员,设有专门的保护资金。

2. 评价体系

2004 年,建设部和国家文物局联合公布《中国历史文化名镇(村)评价指标体系(试行)》,由价值特色和保护措施 2 个大类、13 个中类、24 个小类评价指标组成,对每一个指标的内涵与范畴都做出了明确的规定,并按一定的等级、规模或完整性赋予了相应的分值。该评价指标体系简单易行,操作性强。

价值特色部分,包括历史久远度、文物价值(稀缺性)、历史事件名人影响度、历史建筑规模、历史传统建筑(群落)典型性、历史街巷规模、核心区风貌完整性与空间格局特色及功能、核心区历史真实性、核心区生活延续性、非物质文化遗产等 10 个中类评价指标,涵盖了 17 个小类评价指标。

保护措施部分,包括保护规划、保护修复措施、保障机制等 3 个中类评价指标,涵盖了 7 个小类评价指标。

6.1.2　中国传统村落评选标准及评价体系

1. 评选标准

2012 年,住建部、文化部、国家文物局、财政部联合下发了《关于开展传统村落调查的通知》,随后又颁布了《传统村落评价认定指标体系(试行)》和《关于加强传统村落保护发展工作的指导意见》。这些政策文件都对传统村落评选(即列为中国传统村落名录)做出了相应的规定,即应以全国第三次文物普查、第一次非物质文化遗产调查、历史文化名村、旅游名村和特色民俗村的申报材料为基础,评选内容包括传统建筑风貌完整、选址和格局保持传统特色、非物质文化遗产活态传承等三个方面。

(1) 传统建筑风貌完整。历史建筑、乡土建筑、文物古迹等建筑集中连片分布或总量超过村庄建筑总量的 1/3,较完整体现一定历史时期的传统风貌。

(2) 选址和格局保持传统特色。村落选址具有传统特色和地方代表性,利用自然环境条件,与维系生产生活密切相关,反映特定历史文化背景;村落格局鲜明,体现有代表性的传统文化,以及传统生产和生活方式,且村落整体格局保存良好。

(3) 非物质文化遗产活态传承。该传统村落中拥有较为丰富的非物质文化遗产资源,民族或地域特色鲜明,或拥有省级以上非物质文化遗产代表性项目,传承形式良好,至今仍以活态延续。

2. 评价体系

2012 年,住建部、文化部、国家文物局、财政部联合颁布了《传统村落评价认定指标体系(试行)》,由相对独立的三大评价指标体系构成,分别是村落传统建筑评价指标体系、村落选址和格局评价指标体系及村落承载的非物质文化遗产评价指标体系,每个评价体系的满分均为 100 分。这三大评价指标又共分为 20 个小类评价指标,采用了定性与定量相结合的评价方法,并按一定的等级、规模或完整性赋予了相应的分值范围,根据《传统村落调研登记表》中的调研填报内容进行对应评估打分。该评价指标体系具有一定的灵活性,符合传统村落实际情况,但操作性没有《中国历史文化名镇(村)评价指标体系(试行)》强。

(1) 村落传统建筑评价指标体系。主要根据村落传统建筑的修建年代、文物保护单位等级、传统建筑规模、传统建筑(群)保存、建筑工艺美学价值、传统营造工艺传承等内容来认定。

(2) 村落选址和格局评价指标体系。从村落现有选址形成年代、传统格局保存程度、选址与规划的科学文化价值、选址的环境协调性等方面来进行评价。

(3) 村落承载的非物质文化遗产评价指标体系。从村落非物质文化遗产级别、种类、传承时间、传承规模、传承人或活态性等方面来进行评价。

6.1.3　其他相关评价体系研究

目前国内学者所进行的相关评价体系研究主要集中在建筑遗产、历史文化名城名镇(村)、传统村落等三个方面。这些相关研究对构建山地传统民居文化评价体系也有很好的借鉴作用。

1. 建筑遗产评价方面

《中华人民共和国文物保护法》明确阐释了文物（包括建筑遗产）有四个方面的价值——历史价值、艺术价值、科学价值和史料价值。朱光亚等（1998）提出了建筑遗产评估体系，将建筑遗产分为建筑本体价值和影响建筑价值的外部因素两个方面。建筑本体价值包括历史价值、科学价值、艺术价值、实用价值和环境价值；外部因素包括相对位置、环境协调程度、合理性和山石花木的配置。查群（2000）根据综合价值、可利用性两个评估结果，综合得出某地区建筑遗产分级保护等级，作为保护与发展规划中建筑遗产保护利用的依据。梁雪春等（2002）针对城乡历史地段的综合价值开展模糊综合评判研究，以模糊数学方法为基础构建了由人类活动、建筑物、空间结构和环境地带构成的建筑遗产综合评估体系。符全胜等（2004）探讨了中国文化自然遗产管理评价的指标体系，构建了以遗产保护为基本，以开发经营、地区发展、旅客管理为目标的遗产管理评价指标体系。黄晓燕（2006）比较系统地探索了历史地段的价值评价体系，主要是对历史地段内建筑遗产的评估及对历史地段整体综合价值的评估。朱向东等（2007）探讨了建筑遗产保护中的历史价值并对其进行了定性评价。

2. 历史文化名城名镇（村）评价方面

李娜（2001）提出了历史文化名城保护及评价 AHP 模型，从社会效益、经济效益和环境效益的角度对历史文脉的延续、文物保护、经济效益、生态环境等方面进行了指标构建，最终确立了 27 项评价指标因子。常晓洲等（2003）建立了西北绿洲历史文化名城持续发展评价指标体系，即由 4 个一级指标，22 个二级指标组成，包括名城价值内涵、环境支持、保护开发与社会发展、经济基础四个一级指标。赵勇（2008）以中国历史文化名镇（村）为对象，从物质文化遗产和非物质文化遗产两个方面遴选了 15 项评价指标，构建了历史文化名镇（村）保护评价指标体系，并将保护规划内容纳入评价体系。黄一涵（2011）对西南地区历史文化村镇的保护评价进行了研究，从物质文化遗产、非物质文化遗产、保护开发和民居情感因素等方面，构建了共计 55 项评价指标因子的西南地区历史文化村镇保护评价体系。张艳玲（2011）对历史文化村镇评价体系进行了研究，通过对全国历史文化村镇的考察，提取了评价因素集，重新构建了历史文化村镇的评价体系。

3. 传统村落评价方面

朱晓明（2001）提出了古村落评价体系，该体系主要由历史和现状两大板块，历史性、科学性、艺术性、实用性等 10 大评价指标，22 项评价因子构成。朱晓翔（2005）构建了我国古村落旅游资源评价模型，并对古村落旅游开发提出了建议。汪清蓉等（2006）对古村落综合价值进行了定量评价研究，使定性分析与定量评价有机结合，构建了 4 层共计 25 项指标因子的古村落综合价值评价体系。陈传金（2008）对传统村落资源分类与评价体系进行了研究，建构了传统村落旅游资源评价体系，从主体资源、附属资源和支持资源等几个方面重建了传统村落旅游资源分类与评价体系。梁水兰（2013）对传统村落评价体系进行了研究，提出了构建地域性传统村落评价指标体系。

通过对国内相关评价体系的梳理，发现《中国历史文化名镇（村）评价指标体系（试行）》简单易行，操作性强，但科学性与合理性欠缺，主要表现在两个方面：一是没有因地制宜,没有具体问题具体分析,针对性较弱;二是"保护措施"的分值所占比重较大。《传统村落评价认定指标体系(试行)》具有一定的灵活性,符合传统村落实际情况,但操作性较弱,综合性不强,缺乏"保护措施"这一重要评价指标。目前,我国还没有专门针对山地传统民居文化的评价指标体系。因此,在构建时要合理吸收上述两个评价指标体系的优点及其他学者的相关研究,并综合考虑山地环境特点,将定量评价和定性评价相结合,提出具有针对性的山地传统民居文化评价指标体系。

6.2　山地传统民居文化评价指标因子

6.2.1　评价指标因子遴选原则

渝东南山地传统民居文化评价涉及的内容很多,这要求所提出的评价指标因子要尽可能全面,又要突出山地传统民居文化的特色及保护评价的重点。因此,评价指标因子遴选要遵循以下原则。

1. 科学性原则

一是要求所遴选的评价指标因子能客观、准确地表达渝东南山地传统民居文化的特征和内涵,包括传统聚落与民居建筑的历史价值、艺术价值、社会价值、文化传承、保护与传承等;二是要求指标因子内涵明确、定义清楚。评价指标具有科学性,评价结果才具有合理性,才能体现渝东南地区的特色。

2. 代表性原则

一是不能随意扩大指标因子的选择面,使整个指标体系复杂化,应该区分主次、轻重,突出关键指标;二是所遴选的评价指标因子既能体现渝东南山地传统民居价值特色,也能体现居民情感的依赖性,能对渝东南地区山地传统民居文化起到高度概括的作用。

3. 系统性原则

该原则主要是指选择的指标因子要尽可能地包含山地传统民居文化的全部内容,使之构成一个整体,使评价目标明确、指标选取全面、指标结构合理。

4. 可操作性原则

该原则主要是指各个评价指标要符合实际情况,数据资料便于获取和分析计算。即使指标再有科学性和代表性,但在实际操作中不宜获得,那对该指标的评价也无法进行。

6.2.2　评价指标因子遴选

1. 评价指标因子设置

中国历史文化名镇(村),以及中国传统村落的评选条件和评价标准所设定的评价指标因子,一是不能完全体现山地传统民居的地域特色,二是忽略了文化与其环境的关系。因此,从山地传统民居文化自身现状出发,根据上述遴选原则,在借鉴国内外建筑遗产、非物质文化遗产评价方法的基础上,作者认为应从地域性特色、物质文化遗产、非物质文化遗产、保护措施等四个方面遴选出山地传统民居文化评价的指标因子。

1）地域性特色

山地传统民居是山地环境发展的产物,深深扎根于浓厚的乡土文化之中,受到当地地形地貌、气候条件、水文环境及植被条件的深刻影响,特别是地形地貌与气候条件的影响具有一定的决定性。因此,山地传统民居具有很强的地域性特色与地域适应性,主要表现在四个方面:①适应当地的地形地貌和气候等自然条件;②采用地方性建筑材料,应用当地能源和传统建造技艺;③吸收传统建筑文化精髓及建造技艺成就;④区别于其他地域民居,具有明显的经济性与实用性。这些也是地域性建筑形成的必要条件,在不同的历史背景中发挥了重要作用。根据代表性原则和可操作性原则,作者遴选了山地适应性和气候适应性作为地域性特色的重要指标因子。

2）物质文化遗产

山地传统民居物质文化遗产均是由若干的景观信息点组成的,这些景观信息点的种类很多,包括重要的民居建筑、会馆祠堂、古井古桥、寨门山门等。它们通过景观信息线构成了景观信息面,即聚落空间形态。聚落既是物质文化遗产集中分布的区域,又是物质文化遗产的重要组成部分。反映聚落特色的因素很多,评价研究注重聚落选址的科学性、与环境的协调性及文物古迹的稀缺性等,主要包括选址与营造、形态与布局、景观与环境、文物古迹等四个方面。

民居建筑是物质文化遗产的重要组成部分,使用功能、建筑技术、历史文化、建筑材料、建筑美学、工艺传承等都是其影响因子。邱明(2004)认为,建筑作为其外廓实体与内蕴空间的统一体,既是一件实用的器物,也是一个文化的载体。如果我们摆脱习惯上的所谓“高敞明快”或“厚重压抑”等直观上的空间印象,深入不同建筑空间的文化背景层面进行一些考察,就会发现,空间较之实体,负载着更多的文化内涵。因此,我们认为民居建筑特色应重点包括建筑久远度、建筑典型性、建筑完整性和传统建造技艺特色等四个方面。

3）非物质文化遗产

非物质文化遗产评价难度较大,需将定性与定量方法相结合进行研究,聚落作为居民生活的栖息地、非物质文化遗产传承的载体,承载了一代又一代人的深厚情感。本地居民生活的延续性、民俗文化的保持性、传统文化的传承性等是非物质文化遗产的重要内容。

李娜(2001)认为在传统民居的建造和使用过程中,由于自然地理、经济方式、民族性格等方面的差异,以及建造者和使用者之间的密切关系,人们在建造和使用过程中注入了自己的情感和理想,民居和人、自然有一种天然的文化适应性,地域文化的特质铭刻于民居环境之中。因此,我们认为非物质文化遗产应重点包括历史性、民俗文化、建造习俗和延续性等四个方面。

4）保护措施

山地传统民居若得不到妥善的保护与传承,再好的文化也得不到弘扬和发展。因此,保护措施这一评价因子是十分必要的,是开展民居文化保护与传承的基础,应包括防护措施、修复措施、保障机制等三个方面。

2. 评价指标体系框架

综上所述,山地传统民居文化评价指标体系应包括地域性特色、物质文化遗产、非物质文化遗产和保护措施等四大类指标,并作为第一层次,然后再根据实际情况设置第二、第三、第四层次指标因子(表 6.1)。

表 6.1　山地传统民居文化评价指标体系

A 山地传统民居文化评价指标体系	B₁ 地域性特色	C₁ 山地适应性	D₁ 山地适应性	E₁ 聚落的山地适应性
				E₂ 建筑的山地适应性
		C₂ 气候适应性	D₂ 气候适应性	E₃ 通风状况
				E₄ 采光状况
				E₅ 防潮状况
	B₂ 物质文化遗产	C₃ 传统聚落特色	D₃ 聚落选址与营造	E₆ 聚落形成久远度
				E₇ 聚落选址合理性
			D₄ 聚落形态与布局	E₈ 聚落格局完整性
				E₉ 聚落空间功能特色
			D₅ 聚落景观与环境	E₁₀ 聚落景观丰富度
				E₁₁ 聚落环境协调性
			D₆ 文物古迹	E₁₂ 文物古迹数量
				E₁₃ 文物保护单位级别
		C₄ 民居建筑特色	D₇ 民居建筑久远度	E₁₄ 民居建筑久远度
			D₈ 民居建筑典型性	E₁₅ 民居建筑选址合理性
				E₁₆ 民居建筑空间形态特色
				E₁₇ 民居建筑结构特色与安全性
				E₁₈ 民居建筑构造特色
			D₉ 民居建筑完整性	E₁₉ 民居建筑风貌保存完整性
				E₂₀ 民居建筑使用度
				E₂₁ 民居建筑规模度
			D₁₀ 传统建造技艺特色	E₂₂ 传统建造技艺特色
	B₃ 非物质文化遗产	C₅ 历史性	D₁₁ 历史性	E₂₃ 历史事件与名人影响度
				E₂₄ 历史事件与名人数量
		C₆ 文化性	D₁₂ 非物质文化遗产等级与数量	E₂₅ 非物质文化遗产数量
				E₂₆ 非物质文化遗产等级
			D₁₃ 建造习俗	E₂₇ 建造习俗数量
				E₂₈ 建造习俗影响范围
		C₇ 延续性	D₁₄ 延续性	E₂₉ 原住居民占常住人口比例
				E₃₀ 传承活动与聚落环境依存度
	B₄ 保护措施	C₈ 防护措施	D₁₅ 防护措施	E₃₁ 保护规划编制与实施
				E₃₂ 重要建筑与文物古迹造册登记挂牌
				E₃₃ 防灾能力
		C₉ 修复措施	D₁₆ 修复措施	E₃₄ 修复设计与实施
		C₁₀ 保障机制	D₁₇ 保障机制	E₃₅ 保障机制健全度
				E₃₆ 配备专职人员
				E₃₇ 筹集保护资金

6.2.3　评价指标因子释义

　　山地传统民居文化评价指标体系共分为五层,包括 4 个大类、10 个中类、17 个小类、37 项指标。每一项指标的释义关系到在实际评价中如何评分,因此,应对每项指标的含义进行阐述和界定。

　　1. 地域性特色

　　1) 聚落的山地适应性与建筑的山地适应性

　　该两项指标是对传统聚落和民居建筑地域性特色的评价,反映传统聚落与民居建筑在选址、规划布局、空间形态与建设营造等方面适应地形地貌的状况及与山地环境的融合程度(图 6.1)。

图 6.1　渝东南传统聚落与居民建筑的山地适应性

　　2) 通风、采光与防潮状况

　　该三项指标是对传统聚落和民居建筑地域性特色的评价,反映传统聚落与民居建筑在规划设计与建设营造方面与当地气候环境的适应程度,尤其体现了民居建筑在通风、采光与防潮等物理环境优化层面的状况。

　　2. 物质文化遗产

　　1) 聚落形成久远度

　　该指标是对传统聚落形成历史是否悠久方面的评价,反映聚落历史形成发展的久远程度。一般地,聚落形成历史越早,文物古迹越具真实性和稀缺性,民居建筑越具典型性,建造工艺水平越具代表性。

　　2) 聚落选址合理性

　　该指标是对聚落在选址层面的评价,反映传统聚落选址与其所在区域的自然生态环境、社会经济发展条件是否协调匹配、是否科学合理。

　　3) 聚落格局完整性

　　该指标是对传统聚落形成发展的成熟程度及在历史上是否遭到破坏等方面的评价。

一般是指聚落保持良好的传统格局,街巷与道路体系完整,传统公共设施利用率高,与生产生活保持密切联系,整体风貌完整协调,格局体系中无突出不协调新建筑。

4)聚落空间功能特色

该指标是对传统聚落在规划布局、土地利用及空间功能划分等方面的特色程度的评价,反映聚落空间布局彰显地域特色、生态智慧、传统文化的程度,甚至规划布局经典理论的程度。

5)聚落景观丰富度

该指标是对传统聚落构成的景观信息点、线的丰富性,以及民居建筑景观信息图谱多样性的评价,反映传统聚落景观的丰富程度。一般地,传统聚落历史越悠久,保存越好,其景观丰富度就越高。

6)聚落环境协调性

该指标是对传统聚落人居环境质量的评价,反映传统聚落与周围自然生态环境的和谐优美程度。一般地,传统聚落历史越悠久,保存越好,其环境协调性就越高,聚落与周边优美的自然山水环境或田园风光就能保持和谐共生的关系,呈现出一幅幅天人合一、优美宁静、田园牧歌式的自然山水画卷。

7)文物古迹数量

该指标是对传统聚落历史文化、科学艺术等价值高低的评价。一般地,传统聚落历史越悠久,保存越好,文物古迹点就越多,其历史价值、科学价值和艺术价值就越高。

8)文物保护单位级别

该指标是对文物保护单位影响范围的评价,是聚落文化稀缺性的体现。文物保护单位分为国家级、省级、市县级等三个级别,级别越高,其历史价值越高,影响范围就越广。

9)民居建筑久远度

该指标是对民居建筑形成历史是否悠久方面的评价,反映民居建筑历史形成发展的久远程度,是对建筑历史事实的揭示。这种揭示是通过保留于历史建筑中的时代印迹来实现的,代表了该传统民居建筑的历史长度和知名度。

10)民居建筑选址合理性

该指标是对民居建筑在选址层面的评价,反映民居建筑选址与其所在区域的自然生态环境、社会经济发展条件是否协调匹配、是否科学合理。建筑选址应考虑建筑物地基的承载力、自然生产条件、地理位置与交通,以及生活配套设施等,选址科学合理能够降低自然灾害的损毁程度,保障居民安全。

11)民居建筑空间形态特色

该指标是对民居建筑在空间形态层面的评价,反映建筑功能划分、空间形态组合、交通流线组织等方面的特色程度,是对民居建筑文化的评判。例如,渝东南地区民居建筑空间形态特色主要体现在建造形制,以及堂屋、偏房(火铺房)、吊脚厢房、抹角屋、阁楼、廊、山门、院坝等空间形态方面。

12）民居建筑结构特色与安全性

该指标反映民居建筑在结构设计和建造过程中所涉及的科学技术水平与艺术特色，以及目前的安全级别。例如，渝东南地区传统民居建筑大多采用"柱-骑"穿斗式木结构体系就是一大地方特色。

13）民居建筑构造特色

该指标反映民居建筑在构造设计和施工过程中所涉及的科学技术水平与艺术特色。例如，渝东南地区传统民居采用的悬山-披檐式屋顶、牛角挑、将军柱（伞柱）等构造就很富有地方特色。

14）民居建筑风貌保存完整性

该指标反映现存传统民居建筑（群）及其建筑细部乃至周边环境保存情况，新建建筑采用的建筑形式、风格与传统风貌的协调性，以及视野所及范围内的新老建筑风貌的一致性程度。

15）民居建筑使用度

该指标是对民居建筑使用功能层面的评价，反映民居建筑是否还在继续使用，使用效率怎样。合理性怎样。建筑只有使用才能延续其生命力，才能传承其文化。

16）民居建筑规模度

该指标是对民居建筑数量及面积大小等层面的评价，是反映民居建筑（群）保存状况、聚落现存传统建筑（群）及环境占地面积的规模大小、新建建筑比例大小、聚落空间廊道视野开阔程度，以及是否具有相对完整的社会生活结构体系。

17）传统建造技艺特色

该指标反映民居建筑在建筑造型、材料与装饰等方面的工艺价值、美学价值。一般地，传统建造技艺至今仍在使用，并且应用范围越广，说明其特色越明显，越具有典型性和代表性。

3. 非物质文化遗产

1）历史事件与名人影响度

该指标是对传统聚落历史上所发生的重大事件或名人居住生活的影响程度方面的评价，能体现传统聚落历史价值或革命纪念意义的重要性。一般分为三个级别，即全国性史志资料记载的历史事件与名人为一级、省级史志资料记载的为二级、市县级及以下史志资料记载的为三级。传统聚落的形成与发展一般都经历了较长的时期，在发展过程中一些重大事件的发生地或名人在此的居住生活，都会对聚落发展的历史轨迹产生一定的影响，聚落也会由于这些无形文化遗产的影响而备受瞩目。

2）历史事件与名人数量

该指标能体现传统聚落历史价值或革命纪念意义的重要性。一般地，历史事件与名人数量越多，其历史文化价值就越高。

3）非物质文化遗产数量

该指标是对聚落中节庆、风俗等非物质文化遗产数量方面的评价，反映非物质文化遗产的保存程度和多样性。传统节日、社会风俗、手工艺、戏曲、诗词、传说、民歌等都是《非物质文化遗产保护公约》的内容，这些源于本地、广为流传的非物质文化遗产内容，推动了传统文化的传承与发展。

4）非物质文化遗产等级

该指标是对聚落中节庆、风俗等非物质文化遗产等级方面的评价，反映非物质文化遗产的文化价值与影响范围。一般分为世界级、国家级、省级、地市级和县级 5 个等级，在重庆一般分为世界级、国家级、市级、区县级 4 个等级。等级越高，其历史价值就越高，影响范围就越广。

5）建造习俗数量

该指标反映传统建造习俗的保存程度与多样性。之所以单独列出，是因为渝东南地区建造习俗独具特色。主要包括建房习俗和居住习俗，前者主要由"选址"、"动土"、"立房"、"入宅"等方面的风水理念，以及"上梁"仪式所组成；后者主要指堂屋、神龛、火铺房、厢房、阁楼等所反映的居住习俗。这些习俗既体现了居民追求美好生活的愿望，又反映了建筑与环境的和谐程度。一般地，建造习俗的数量越多，其历史文化价值越高。

6）建造习俗影响范围

该指标反映建房习俗与居住习俗的传播影响程度。建造习俗源于本地，并向外地流传，体现了它的某些合理性及影响程度，是民居建筑文化保护与传承的重要内容。一般地，建造习俗的影响范围越广，其历史文化价值、艺术价值越高。

7）原住居民占常住人口比例

该指标反映传统聚落生活的延续性及非物质文化遗产传承的可能性。原住居民是指三代以上在此居住的家族居民，他们往往成为聚落非物质文化遗产传承的主体，是非物质文化遗产传承的必要条件。因此，原住居民占常住人口比例越高，非物质文化遗产传承的可能性就越大，活态性就越高。

8）传承活动与聚落环境依存度

该指标反映非物质文化遗产传承活动与聚落环境的依存关系及非物质文化遗产的活态程度。具体来讲，该指标表达了非物质文化遗产相关的仪式、传承人、材料、工艺及其他实践活动等与聚落及其周边环境的依存程度；非物质文化遗产相关生产材料、加工、活动及其空间、组织管理、工艺传承等内容是否与聚落特定物质环境紧密相关，是否具有一定依赖性；非物质文化遗产传承与居民的密切程度。一般地，非物质文化遗产传承活动与聚落环境依存度越高，非物质文化遗产的活态性就越高，其历史文化价值就越高。

4. 保护措施

1）保护规划编制与实施

该指标反映传统聚落与民居建筑保护在政策制度上面的保障情况。保护规划一经批准即具有法律效力,传统聚落与民居的保护与发展都必须在保护规划的控制与指导下进行。一般地,保护规划编制越科学、越合理,实施越严格,传统聚落与民居建筑保存就越完好,其历史文化价值就越容易得到传承。

2) 重要建筑与文物古迹造册登记挂牌

该指标是对建立重要建筑与文物古迹点保护档案及挂牌保护情况的评价。建立相关档案资料是十分必要的,包括对传统聚落价值、民居建筑特色、保护修复情况、保护主体等信息的汇总、造册登记,并对其进行挂牌保护(表 6.2)。一般地,档案越健全,挂牌越多,传统聚落与民居建筑保存就越完好,其历史文化价值就越容易得到传承。

表 6.2　文物保护单位及古树名木挂牌保护部分示例

项目	图片示例	
冉家院子建于清代乾隆年间,为古镇昔日名流冉慎之的寓所,四合天井,阁楼走廊,砖木结构,极具特色。重庆市级文物保护单位		
昔日为四川自贡盐商的盐仓,半坡青瓦覆顶,木板横装为壁,方便食盐储售,颇具特色。重庆市级文物保护单位		
古树名木:楠木,樟科常绿大乔木,主要分布于亚热带常绿阔叶林区西部,国际二级保护渐危种,是珍贵的用材树种。附近有两颗,称夫妻楠木,位于酉阳县苍岭镇大河口村		

3) 防灾能力

该指标反映了传统聚落与民居建筑保护在防灾层面上的保障情况。防灾能力是针对自然灾害或人为危险性如火灾,当地居民与管理者能否提前预防风险及灾害发生后能否及时做出挽救措施的能力。防灾能力指标是针对山地传统民居面临的自然灾害危险、人为或意外危害的评判,代表了居民对传统民居的风险预防能力。

4) 修复设计与实施

该指标反映了在民居建筑修复设计与实施层面上的保障情况,反映了破损民居建筑的修复设计与施工水平,以及民居修复的完成情况。一般地,民居建筑修复设计水平高,实施完成情况好,民居建筑保存就越完好,其历史文化价值就越高,就越容易得到传承。

5) 保障机制健全度

该指标反映了传统聚落与民居建筑保护在政策层面上的保障情况。任何保护活动的开展都要以保障措施为基础,保障机制尤为重要。行政立法措施、社会监督、社会团体的作用都是必要的保障措施。一般地,保障机制越健全,传统聚落与民居建筑保护就越完好。

6) 配备专职人员

该指标反映了传统聚落与民居建筑保护在管理人员、科研人员及技术人员等方面的保障情况。从我国目前的情况来看,规划的组织、政策的制定、修复设计与施工等都需要专职人员操作,因此,应建立高层次、由政府牵头的机构来协调各方人员,统筹安排与保护有关事宜。一般地,配备的专职人员越多,综合素质越高,传统聚落与民居建筑保护得就越完好。

7) 筹集保护资金

该指标反映了传统聚落与民居建筑保护在资金层面上的保障情况。在保护过程中需要一定的资金支持,主要用于编制保护规划、修缮破损建筑、整治生态环境、改善基础设施等方面。筹集资金的渠道很多,包括财政支持、社会捐赠、旅游收入等。一般地,筹集的保护资金越多,传统聚落与民居建筑保护得就越完好。

6.3 山地传统民居文化评价指标权重

6.3.1 建立层次结构模型

依据山地传统民居文化评价指标体系、价值特色内涵及其相关资料数据的实际可获取性、管理实施的可操作性,建立山地传统民居文化评价指标体系层次结构图,包括五层结构(图 6.2)。

第一层:山地传统民居文化评价。

第二层:地域性特色、物质文化遗产、非物质文化遗产、保护措施。

第三层:山地适应性、气候适应性、传统聚落特色、民居建筑特色、历史性、文化性、延续性、防护措施、修复措施、保障机制。

第四层:山地适应性、气候适应性、聚落选址与营造、聚落形态与布局、聚落景观与环境、文物古迹、民居建筑久远度、民居建筑典型性、民居建筑完整性、传统建造技艺特色、历史性、非物质文化遗产等级与数量、建造习俗、延续性、防护措施、修复措施、保障机制。

第五层:聚落的山地适应性、建筑的山地适应性、通风状况、采光状况、防潮状况、聚落形成久远度、聚落选址合理性、聚落格局完整性、聚落空间功能特色、聚落景观丰富度、聚落环境协调性、文物古迹数量、文物保护单位级别、民居建筑久远度、民居建筑选址合理性、民居建筑空间形态特色、民居建筑结构特色与安全性、民居建筑构造特色、民居建筑风貌保存完整性、民居建筑使用度、民居建筑规模度、传统建造技艺特色、历史事件与名人影响度、历史事件与名人数量、非物质文化遗产数量、非物质文化遗产等级、建造习俗数量、建造习俗影响范围、原住居民占常住人口比例、传承活动与聚落环境依存度、保护规划编制与实施、重要建筑与文物古迹造册登记挂牌、防灾能力、修复设计与实施、保障机制健全度、配备专职人员、筹集保护资金。

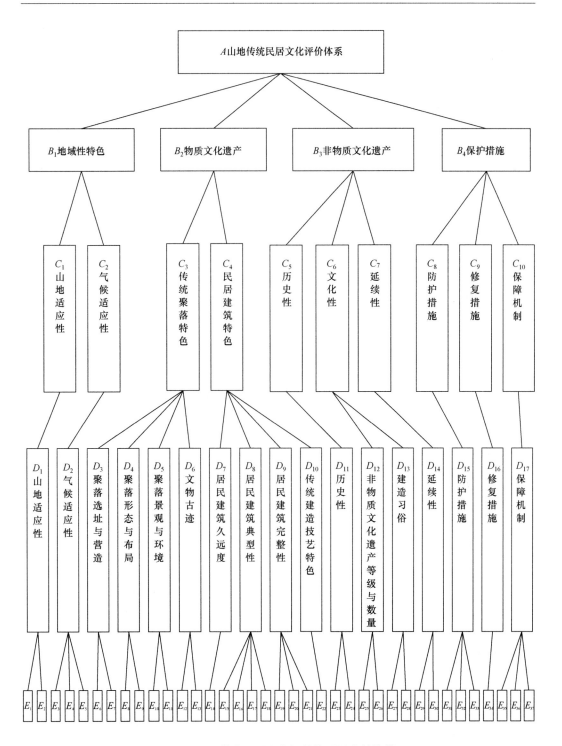

图 6.2　山地传统民居文化评价体系层次结构模型

6.3.2 权重值的计算

选择思路清晰、系统性强的层次分析法(AHP法)来确定山地传统民居文化评价指标的权重值。AHP法是将相互关联的要素按隶属关系划分若干层次,利用数学方法综合调查访问所得的各方意见,给出各层次各要素的相对重要性权重,构造判断矩阵,通过层次单排序、层次总排序及一致性检验等步骤,得出权重系数。

计算过程选用 Matlab 软件进行计算,计算步骤如下。

1) 构建判断矩阵

分别构成 $A\text{-}B$,$B_1\text{-}C$,$B_2\text{-}C$,$C_1\text{-}D$,$C_2\text{-}D$,$C_3\text{-}D$,$C_4\text{-}D$,$\cdots$,$D_{17}\text{-}E$ 判断矩阵。判断矩阵样式见表 6.3。

表 6.3 山地传统民居文化评价判断矩阵

A	B_1	B_2	$\cdots$	B_n
B_1	B_1/B_1	B_1/B_1	$\cdots$	B_2/B_n
B_2	B_2/B_2	B_2/B_2	$\cdots$	B_2/B_n
$\vdots$	$\vdots$	$\vdots$	$\vdots$	$\vdots$
B_n	B_n/B_1	B_n/B_2	$\cdots$	B_n/B_n

在构造判断矩阵时,参照统计和计算出的权值咨询值,并根据各指标咨询权值的差额,参照 1~9 标度法(表 6.4),来确定评价指标两两相对重要程度,并构建评价指标判断矩阵表。

表 6.4 1~9 标度含义(赵焕臣,1986)

比例标度	含义
1	两因素相比,具有相同的重要性
3	两因素相比,前者比后者稍重要
5	两因素相比,前者比后者明显重要
7	两因素相比,前者比后者强烈重要
9	两因素相比,前者比后者极端重要
2,4,6,8	表示上述相邻判断的中间值

2) 层次单排序

层次单排序是指对于上一层某因素而言,本层次各因素的重要性的排序。所谓一致性是指判断思维的逻辑一致性。

计算第二层 B_1,B_2,B_3,B_4 的相对权重,它们代表地域性特色、物质文化遗产、非物质文化遗产及保护措施相对重要程度,第二层指标既是单排序也是总排序。

分别计算在上层 B_1,B_2,B_3,B_4 各指标下所对应的第三层 C_1,C_2,$\cdots$,C_{10} 的相对权重。

分别计算在上层 C_1,C_2,$\cdots$,C_{10} 各指标下所对应的第四层 D_1,D_2,$\cdots$,D_{17} 的相对权重。

分别计算在上层 D_1,D_2,$\cdots$,D_{17} 各指标下所对应的第五层 E_1,E_2,$\cdots$,E_{37} 的相对权重。

对上述权重进行一致性检验,一致性检验应满足表 6.5 所示条件。

表 6.5 平均随机一次性指标 RI(邱均平,2010)

N	1	2	3	4	5	6	7	8
RI	0	0	0.58	0.90	1.12	1.24	1.32	1.41

3)层次总排序

层次总排序就是在求得各单一准则下各指标的权重后,再计算各个层次所有元素对于最高层(总目标)相对重要性的权值及排序,即计算 C 层、D 层、E 层对于 A 层的相对重要性排序。该步骤实际上是层次单排序的加权组合,最后确立各层权重系数。

因评价指标因子过多,计算过程具有一定的复杂性,为简明扼要表达评价体系重点,这里不对评价过程进行详细说明。计算中,经过层次单排序计算、检验,满足一致性检验,最终层次总排序计算结果见表 6.6~表 6.9。

表 6.6 A-B 判断矩阵及层次总排序

A	B_1	B_2	B_3	B_4	W
B_1	1	0.270	0.504	0.729	0.124
B_2	3.710	1	1.870	2.706	0.460
B_3	1.984	0.535	1	1.447	0.246
B_4	1.371	0.370	0.691	1	0.170

在这层中,$\lambda=4$,CI $=0.001$,RI $=0.9$,CR $=0.001<0.10$,满足一致性检验,说明 B 层对于 A 层总排序具有满意一致性。

表 6.7 C 层对于 A 层总排序

C 层	B_1	B_2	B_3	B_4	W
	0.124	0.460	0.246	0.170	
C_1	0.553				0.069
C_2	0.447				0.055
C_3		0.626			0.288
C_4		0.374			0.172
C_5			0.317		0.078
C_6			0.398		0.098
C_7			0.285		0.070
C_8				0.335	0.057
C_9				0.282	0.048
C_{10}				0.382	0.065

在 C 层对 A 层的总排序一致性检验,结果是 CI $=0.001$;RI $=0.29$;CR $=0.001<0.10$,满足一致性检验,说明 C 层对于 A 层总排序具有满意一致性。

表 6.8　D 层对于 A 层总排序表

D层	C1	C2	C3	C4	C5	C6	C7	C8	C9	C10	W
	0.069	0.055	0.288	0.172	0.078	0.098	0.070	0.0570	0.048	0.065	
D_1	1										0.069
D_2		1									0.055
D_3			0.323								0.093
D_4			0.267								0.077
D_5			0.240								0.069
D_6			0.170								0.049
D_7				0.186							0.032
D_8				0.337							0.058
D_9				0.256							0.044
D_{10}				0.221							0.038
D_{11}					1						0.078
D_{12}						0.592					0.058
D_{13}						0.408					0.040
D_{14}							1				0.070
D_{15}								1			0.057
D_{16}									1		0.048
D_{17}										1	0.065

在 D 层对 A 的总排序一致性检验,结果是 $CI = 0.002$;$RI = 0.18$;$CR = 0.009 <$ 0.10,满足一致性检验,说明 D 层对于 A 层总排序具有满意一致性。

表 6.9　E 层对于 A 层总排序表

E层	D1	D2	D3	D4	D5	D6	D7	D8	D9	D10	D11	D12	D13	D14	D15	D16	D17	W
	0.069	0.055	0.093	0.077	0.069	0.049	0.032	0.058	0.044	0.038	0.078	0.058	0.040	0.070	0.057	0.048	0.065	
E_1	0.592																	0.041
E_2	0.409																	0.028
E_3		0.472																0.026
E_4		0.321																0.018
E_5		0.208																0.011
E_6			0.409															0.038
E_7			0.591															0.055
E_8				0.416														0.032
E_9				0.584														0.045
E_{10}					0.464													0.032
E_{11}					0.536													0.037

续表

E层	D_1	D_2	D_3	D_4	D_5	D_6	D_7	D_8	D_9	D_{10}	D_{11}	D_{12}	D_{13}	D_{14}	D_{15}	D_{16}	D_{17}	W
E_{12}					0.347													0.017
E_{13}					0.653													0.032
E_{14}						1												0.032
E_{15}							0.310											0.018
E_{16}							0.259											0.015
E_{17}							0.190											0.011
E_{18}							0.241											0.014
E_{19}								0.477										0.021
E_{20}								0.341										0.015
E_{21}								0.182										0.008
E_{22}									1									0.038
E_{23}										0.449								0.035
E_{24}										0.551								0.043
E_{25}											0.379							0.022
E_{26}											0.621							0.036
E_{27}												0.375						0.015
E_{28}												0.625						0.025
E_{29}													0.400					0.028
E_{30}													0.600					0.042
E_{31}														0.333				0.019
E_{32}														0.298				0.017
E_{33}														0.368				0.021
E_{34}															1			0.048
E_{35}																0.292		0.019
E_{36}																0.262		0.017
E_{37}																0.446		0.029

　　在 E 层对 A 的总排序一致性检验,结果是 CI=0.001,RI=0.19,CR=0.004<0.10,满足一致性检验,说明 E 层对于 A 层总排序具有满意一致性。

　　通过上述层次分析法的各项计算,可以得出各层次指标的综合权重值(表 6.10)。从表中可以看出,地域性特色、物质文化遗产、非物质文化遗产与保护措施权重比值为 12.4∶46∶24.6∶17,物质文化遗产重要性高于非物质文化遗产,保护措施重要性高于地域性特色。

表 6.10　山地传统民居文化评价指标权重分配

A 层	B 层	C 层	D 层	权重值	E 层	权重值
山地传统民居文化评价体系 A(1)	B_1 地域性特色 (0.124)	C_1 山地适应性 (0.069)	D_1 山地适应性	0.069	E_1 聚落的山地适应性	0.041
					E_2 建筑的山地适应性	0.028
		C_2 气候适应性 (0.055)	D_2 气候适应性	0.055	E_3 通风状况	0.026
					E_4 采光状况	0.018
					E_5 防潮状况	0.011
	B_2 物质文化遗产 (0.460)	C_3 聚落特色 (0.288)	D_3 聚落选址与营造	0.093	E_6 聚落选址久远度	0.038
					E_7 聚落选址合理性	0.055
			D_4 聚落形态与布局	0.077	E_8 聚落格局完整性	0.032
					E_9 聚落空间功能特色	0.045
			D_5 聚落景观与环境	0.069	E_{10} 聚落景观丰富度	0.032
					E_{11} 聚落环境协调性	0.037
			D_6 文物古迹点	0.049	E_{12} 文物古迹点数量	0.017
					E_{13} 文物保护单位级别	0.032
		C_4 民居建筑特色 (0.172)	D_7 民居建筑久远度	0.032	E_{14} 民居建筑久远度	0.032
			D_8 民居建筑典型性	0.058	E_{15} 民居建筑选址合理性	0.018
					E_{16} 民居建筑空间形态特色	0.015
					E_{17} 民居建筑结构特色与安全性	0.011
					E_{18} 民居建筑构造特色	0.014
			D_9 民居建筑完整性	0.044	E_{19} 民居建筑风貌保存完整性	0.021
					E_{20} 民居建筑使用度	0.015
					E_{21} 民居建筑规模度	0.008
			D_{10} 传统建造技艺特色	0.038	E_{22} 传统建造技艺特色	0.038
	B_3 非物质文化遗产 (0.246)	C_5 历史性 (0.078)	D_{11} 历史性	0.078	E_{23} 历史事件与名人影响度	0.035
					E_{24} 历史事件与名人数量	0.043
		C_6 文化性 (0.098)	D_{12} 民俗文化	0.058	E_{25} 非物质文化遗产数量	0.022
					E_{26} 非物质文化遗产等级	0.036
			D_{13} 建造习俗	0.040	E_{27} 建造习俗数量	0.015
					E_{28} 建造习俗影响范围	0.025
		C_7 延续性 (0.07)	D_{14} 延续性	0.070	E_{29} 原住居民占常住人口比例	0.028
					E_{30} 传承活动与聚落环境依存度	0.042
	B_4 保护措施 (0.170)	C_8 保护措施 (0.057)	D_{15} 防护措施	0.057	E_{31} 保护规划编制与实施	0.019
					E_{32} 重要建筑与文物古迹造册登记挂牌	0.017
					E_{33} 防灾能力	0.021
		C_9 修复措施 (0.048)	D_{16} 修复措施	0.048	E_{34} 修复设计与实施	0.048
		C_{10} 保障机制 (0.065)	D_{17} 保障机制	0.065	E_{35} 保障机制健全度	0.019
					E_{36} 配备专职人员	0.017
					E_{37} 筹集保护资金	0.029

6.4　山地传统民居文化评价体系

6.4.1　构建评价模型

评价模型构建过程如下。

首先,计算每个评价者对聚落文化的评价分值。将评分者打出的各项评价指标的分数,乘以所对应的权重值,得到该指标的价值得分,再将各个指标的价值得分相加,最后得到第 k 个评价者的评价分值。

$$P_k = \sum_{t=1}^{n} m_{tk}\, r_t$$

式中,P_k 为第 k 个评分者的评价分值;m_{tk} 为第 k 个评分者对第 t 个评价指标的评分;r_t 为第 t 个评价指标的权重值;n 为评价指标的数量。

其次,以求绝对平均的方法,计算出山地传统民居文化评价的最终分值。

$$P = \frac{1}{s} \sum_{k=1}^{s} P_k$$

式中,P 为某个山地传统聚落文化评价的最终分值;P_k 为第 k 个评分者对该聚落文化的评价得分;s 为参与评价的人员数量。

6.4.2　评分体系确定

通过对山地传统民居文化评价指标因子、指标权重的研究,构建了山地传统民居文化评价体系,包括地域性特色、物质文化遗产、非物质文化遗产、保护措施等 4 项二级指标、10 项三级指标、17 项四级指标、37 项五级指标。每一项指标在实际评价中如何进行评分,这是必须要明确的。因此,根据各评价指标的具体含义及相关标准,把每个五级指标的满分设定为 100 分,并分为 5 个等级,构建了山地传统民居文化评价体系(表 6.11)。

表 6.11　山地传统民居文化评价体系

指标	指标分解	权重	具体评分标准					指标最终评分
			80~100 分	60~79 分	40~59 分	20~39 分	<20 分	
一、地域性特色		0.124						
1. 山地适应性	(1)聚落的山地适应性	0.041	极高	高	较高	一般	低	
	(2)建筑的山地适应性	0.028	极高	高	较高	一般	低	
2. 气候适应性	(3)通风状况	0.026	极高	高	较高	一般	低	
	(4)采光状况	0.018	极高	高	较高	一般	低	
	(5)防潮状况	0.011	极高	高	较高	一般	低	
二、物质文化遗产		0.460						

续表

指标	指标分解	权重	具体评分标准					指标最终评分
			80~100分	60~79分	40~59分	20~39分	<20分	
1. 聚落选址与营造	(1)聚落选址久远度	0.038	元代前	元代	明清	中华民国	新中国成立至1980年	
	(2)聚落选址合理性	0.055	极合理	合理	较合理	欠合理	不合理	
2. 聚落形态与布局	(3)聚落格局完整性	0.032	完整	较完整	大部分完整	局部完整	绝大部分破坏	
	(4)聚落空间功能特色	0.045	很有特色、功能合理	有特色、功能合理	较有特色、功能较合理	特色一般、功能欠合理	缺乏特色、功能不合理	
3. 聚落景观与环境	(5)聚落景观丰富度	0.032	极丰富	较丰富	丰富	一般	低	
	(6)聚落环境协调性	0.037	很强	强	较强	一般	较差	
4. 文物古迹点	(7)文物古迹点数量	0.017	8处以上	5~7处	3~4处	3处以下	无,记为0分	
	(8)文物保护单位级别	0.032	国家级	省(市)级	区县级	—	无,记为0分	
5. 民居建筑久远度	(9)民居建筑久远度	0.032	元代前	元代	明清	中华民国	新中国成立至1980年	
6. 民居建筑典型性	(10)民居建筑选址合理性	0.018	极合理	合理	较合理	欠合理	不合理	
	(11)民居建筑空间形态特色	0.015	很有特色	有特色	较有特色	特色一般	缺乏特色	
	(12)民居建筑结构特色与安全性	0.011	主体结构完好、坚固、很有特色	主体结构较完好、较坚固、有特色	主体结构有损坏、较有特色	主体结构损坏严重、特色一般	主体结构损坏严重、缺乏特色	
	(13)民居建筑构造特色	0.014	很有特色	有特色	较有特色	特色一般	缺乏特色	
7. 民居建筑完整性	(14)民居建筑风貌保存完整性	0.021	完整	较完整	大部分完整	局部完整	绝大部分破坏	
	(15)民居建筑使用度	0.015	正常使用	基本正常使用	局部使用	很少使用	荒废,记0分	
	(16)民居建筑规模度	0.008	5hm²以上	3~5hm²	1~2.9hm²	1hm²以下	—	

续表

指标	指标分解	权重	具体评分标准					指标最终评分
			80～100 分	60～79 分	40～59 分	20～39 分	＜20 分	
8. 传统建造技艺特色	(17)传统建造技艺特色	0.038	很有特色	有特色	较有特色	特色一般	缺乏特色	
三、非物质文化遗产		0.246						
1. 历史性	(1)历史事件与名人影响度	0.035	国家级	省(市)级	区县级	—	无,记为 0	
	(2)历史事件与名人数量	0.043	5 个以上	4～5 个	2～3 个	1 个	无,记为 0	
2. 民俗文化	(3)非物质文化遗产数量	0.022	5 个以上	4～5 个	2～3 个	1 个	无,记为 0	
	(4)非物质文化遗产等级	0.036	国家级	省(市)级	区县级	—	无,记为 0	
3. 建造习俗	(5)建造习俗数量	0.015	5 个以上	4～5 个	2～3 个	1 个	无,记为 0	
	(6)建造习俗影响范围	0.025	国家级	省(市)级	区县级	—	无,记为 0	
4. 延续性	(7)原住居民占常住人口比例	0.028	90％以上	70％～89％	50％～69％	30％～49％	30％以下	
	(8)传承活动与聚落环境依存度	0.042	极高	高	较高	一般	低	
四、保护措施		0.170						
1. 保护措施	(9)保护规划编制与实施	0.019	已按规划实施	已编制批准未实施	已编制未报批	正在编制	无,记为 0	
	(10)重要建筑与文物古迹造册登记挂牌	0.017	90％以上	70％～89％	50％～69％	50％以下	无,记为 0	
	(11)防灾能力	0.021	极高	高	较高	一般	低	
2. 修复措施	(12)修复设计与实施	0.048	已按设计实施	已设计报批未实施	已设计未报批	正在设计	无,记为 0	
3. 保障机制	(13)保障机制健全度	0.019	很健全	健全	较健全	一般	低,若无记为 0 分	
	(14)配备专职人员	0.017	很完善	完善	较完善	一般	无,记为 0	
	(15)筹集保护资金(占总投资比例)	0.029	90％以上	70％～89％	50％～69％	50％以下	无,记为 0	

根据评价模型计算的最终评价分值的多少,把传统民居文化等级分为三个级别。

1. A 级

大于 80 分为 A 级,表明该山地传统聚落的历史文化价值高,是传统聚落与民居建筑的优秀代表。说明其有丰富的文化底蕴、风貌保存完好、空间功能完善、技艺水平突出、艺术价值高,具有重要的保护价值,同时也具备很好的开发价值。

2. B 级

60～80 分为 B 级,表明该山地传统民居聚落的历史文化价值较高,是传统聚落与民居建筑的重要代表。说明其有较丰富的文化底蕴、风貌保存较好、空间功能较完善、技艺水平较突出、艺术价值较高,具有较重要的保护价值,同时也具备较好的开发价值。

3. C 级

小于 60 分为 C 级,表示该山地传统民居聚落的历史文化价值不高,不具有山地传统聚落与民居建筑的代表性和典型性。说明其文化底蕴不深厚、风貌保存较差、空间功能不完善、技艺水平一般、艺术价值不高,不具备太大的保护价值和开发价值。

6.5　实证分析——以酉阳县石泉苗寨为例

6.5.1　石泉苗寨概况

石泉苗寨位于酉阳县苍岭镇大河口村阿蓬江畔,又名"火烧溪"(图 6.3)。据当地《石氏族谱》记载:石氏祖先 1510 年明武宗年间从江西迁到"火烧溪",在此繁衍生息了 500 余年。苗寨占地 3hm²,分上、中、下三个寨,全是石姓,聚落规模、历史久远性高于之前《中国博物馆志》所记载的"中国最大的原生态苗寨"贵州郎德苗寨。

图 6.3　石泉苗寨区位示意图

　　苗寨坐落于呈撮箕口状的山谷中,三面地势陡峭,只有一条小道通往寨中。寨子依山而建,民居建筑大多坐南向北,除进出寨子的寨门外,三面都被古树和竹林环绕。寨子里有八孔山泉,清冽甘甜,四季不干,而且冬暖夏凉。苗寨有 100 余栋木质民居,有 138 户500 多名村民,有 1000 多棵古树,500 多亩梯田,100 多座古墓、石碑,是重庆市迄今为止发现的最大原生态苗寨(图 6.4)。

图 6.4　石泉苗寨聚落

　　因其地势比较封闭,不易进出,这里的苗族民居文化得以幸存。苗寨建筑形制齐全,包括"一"形、"L"形、"凵"形及"口"形;全为"柱-骑"穿斗式木结构建筑,正房一般为四柱、五柱、七柱,厢房一般为三柱、五柱;民居建筑除了堂屋、偏房、厢房、阁楼外,还有独具特色的"官房","官房"一般位于堂屋后面,面积不足 $10m^2$ 的小屋子,据说这是主人用来接待官府之人的卧室,故称"官房";苗寨家家有火铺,户户有神龛;修建时,每一栋民居的穿枋斗榫都没用一铁一钉,但能柱柱相连,枋枋相接;门窗雕刻精美,窗花图案主要是花类、鸟类和兽类,其中花类主要是梅花、桃花等,鸟类一般是喜鹊、凤凰等,兽类主要是梅花鹿、山羊等动物(图 6.5)。

　　石泉苗寨民居建筑群为县级文物保护单位,拥有市级非物质文化遗产酉阳古歌、酉阳民歌,县级非物质文化遗产上刀山、花灯、吊脚楼建造技艺等,还有夫妻楠木王、姊妹银杏树、圣旨碑、夫妻泉、苗王墓、武状元墓、举人故居等众多景观信息点(图 6.6)。

图 6.5　石泉苗寨建筑特色

图 6.6　石泉苗寨名木古树、生产生活用品及坟墓、石碑

6.5.2　评价分值计算

根据上述构建的山地传统民居文化评价体系,制订了调查问卷,选择的调查对象主要包括有关专家、管理人员、当地居民和游客,共发放问卷 100 份,收回有效问卷 93 份,有效回收率 93%。

1. 综合分值计算

按照评价模型的计算步骤,石泉苗寨文化评价的综合分值为

$$P = \frac{1}{s}\sum_{k=1}^{s} P_k = (72.43 + 64.25 + 70.6 + 63.2 + \cdots + 70.89 + 75.35) \div 93 = 71.34$$

2. 专项分值计算

根据山地传统民居文化评价体系,可从地域性特色、物质文化遗产、非物质文化遗产

和保护措施等四个方面进行专项统计分析,从而明确石泉苗寨的主要特色及存在的问题,为下一步的保护与传承提供科学依据,便于提出具有针对性的保护措施和方法,以便更好地保护和传承石泉苗寨的民居文化。

现以 B_1 地域性特色为例,计算 1 号评估者对石泉苗寨地域性特色专项价值的评价(其他专项价值计算过程略):

$$P_{1B_1} = \sum_{t=1}^{n} m_{t1} r_t = 85 \times 0.041 + 82 \times 0.028 + 78 \times 0.026 + 78 \times 0.018 + 75 \times 0.011$$
$$= 10.04$$

那么 93 名评估者对石泉苗寨地域性特色专项价值的综合评分为

$$P_{B_1} = \frac{1}{s} \sum_{k=1}^{s} P_{kB_1} = (10.04 + 9.52 + \cdots + 11.6) \div 93$$
$$= 10.89$$

即地域性特色 $P_{B_1} = 10.89$,占该项满分 12.4 分的 87.82%。

同理,其他专项价值的计算结果如下。

物质文化遗产 $P_{B_2} = 37.34$,占该项满分 46.0 分的 81.17%。

非物质文化遗产 $P_{B_3} = 17.87$,占该项满分 24.6 分的 72.64%。

保护措施 $P_{B_3} = 5.24$,占该项满分 17.0 分的 30.82%。

各项实际得分占其对应项满分的比例如图 6.7 所示。

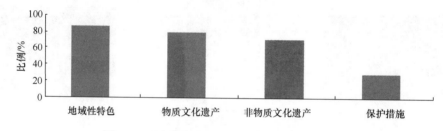

图 6.7　石泉苗寨民居文化四大指标评价对比图

6.5.3　评价结果分析

通过上面的计算分析,得知石泉苗寨民居文化评价的综合得分为 71.34 分,依据评价级别,在 60~80 分范围内,因此石泉苗寨民居文化为 B 级。表明该山地传统民居聚落的历史文化价值较高,是传统聚落与民居建筑的重要代表。说明其有较深厚的文化底蕴、风貌保存较好、空间功能较完善、技艺水平较突出、艺术价值较高,具有较重要的保护价值,同时也具备一定的开发价值。

根据专项分值计算分析,石泉苗寨专项得分最高的是地域性特色,其分值为 10.89 分,占该项满分 12.4 分的 87.82%,达到 A 级,说明苗寨的地域特色十分明显,不管是聚落还是建筑,其山地适应性与气候适应性都很高;第二是物质文化遗产,其分值为 37.34 分,占该项 46.0 分的 81.17%,也达到 A 级,说明苗寨的物质文化遗产丰富,历史悠久,保存完整,文化底蕴深厚;第三是非物质文化遗产,其分值为 17.87 分,占该项满分 24.6 分的 72.64%,达到 B 级,说明苗寨的非物质文化遗产较丰富,历史较悠久,传承较好,文化

底蕴较深厚;第四是保护措施得分最低,为 5.24 分,占该项满分 17.0 分的 30.82%,为 C
级,说明苗寨保护规划及修复实施不到位,管理机制不健全,保护资金投入不够,一方面使
得该苗寨在某种程度上存在自然性颓废状态;另一方面与传统风貌不协调的现代建筑数
量增加明显(图 6.8)。

图 6.8　石泉苗寨破损建筑及瓷砖房

因此,在今后的保护发展中,石泉苗寨应进一步提高保护意识,不断深入挖掘整理历
史文化,加强规划实施力度,对破损的建筑进行修复,健全管理机制,配备专职人员,加大
保护资金投入,不断改善基础设施条件,进一步提升石泉苗寨的文化功能、社会功能、经济
功能、生态功能及基础设施功能,从而提升人居环境的品质。

6.6　本 章 小 结

本章通过对山地传统民居文化评价体系的深入研究,在借鉴国家现有名镇(村)、传统
村落保护评价指标体系的基础上,根据山地传统聚落与民居建筑的文化特征,遴选了山地
传统民居文化评价指标因子,计算了各指标因子的权重,确定了各指标因子的评分细则,
从而构建了完善的山地传统民居文化评价体系。该评价体系明确了传统聚落与民居建筑
的历史价值、文化价值、科学价值、技术价值与艺术价值,可以使人们更加了解传统民居文
化的综合价值,为民居文化的保护与传承提供科学依据。

第7章　渝东南山地传统民居文化保护与传承

独具地域特色的渝东南山地传统聚落景观、传统民居建筑、民居建造技艺及民风民俗等传统民居文化在城市化、市场化、全球化浪潮的冲击下正在逐渐丧失。为此,加强对渝东南山地传统民居文化的保护与传承研究,制定科学合理的保护与传承策略,将有助于增强该地区各族人民的文化自信、文化自觉,以及文化认同感和归属感,促进渝东南山地传统民居文化的传承与发展。

7.1　山地传统民居文化保护与传承所面临的困境

2014年7月,第二十届民居会议在内蒙古工业大学建筑学院召开,会议围绕主题"民居文化研究"、"民居建造技艺与应用"、"传统聚落保护与活化"进行了论文宣讲与讨论。会议强调特色民居文化建设是一个包括保护修缮、改造提升、开发新建在内,涵盖民族文化传承与创新、特色产业的发掘与培育、生态保护与生态补偿、社会建设和社会管理创新等方面的系统而复杂的工程。

即使处于相似甚至相同的自然-人文环境,不同民族其哲学理念、审美取向、聚落形态、民居风格等也有所不同,这就是民居文化的多样性。渝东南地区是重庆市唯一集中连片,也是全国为数不多的以土家族和苗族为主的少数民族聚居区,形成了独特的民居文化,具有不可替代性和不可再生性。从民居文化可持续发展的角度,我们有责任关注该地区民居文化的研究、保护和发展。

7.1.1　有关法律法规与技术标准需进一步健全和完善

山地传统民居是我国建筑历史文化中一朵宝贵的奇葩,如何规划、保护和传承,是学术界及社会各界历来重视的课题。早在1993年国务院颁布了《村庄和集镇规划建设管理条例》,对损坏村庄、集镇内的文物古迹、古树名木、风景名胜和公共设施等行为,做出了按有关法律、法规处罚的规定;2002年《中华人民共和国文物保护法》首次将历史文化村镇纳入法制保护范围;2003年建设部和国家文物局联合制定了《中国历史文化名镇(村)评选办法》,并公布了第一批中国历史文化名镇(村),先后共公布了六批;2004年建设部和国家文物局联合公布《中国历史文化名镇(村)评价指标体系(试行)》;2008年国家颁布了《历史文化名城名镇名村保护条例》;2011年国家颁布了《中华人民共和国非物质文化遗产法》,进一步加强了传统民居的保护;2012年4月住建部、文化部、国家文物局和财政部联合下发了"关于开展传统村落调查的通知",目前已公布了中国传统村落名录共3批,同年8月该四部委联合颁布了《传统村落评价认定指标体系(试行)》,2012年12月住建部、文化部和财政部联合下发了《关于加强传统村落保护发展工作的指导意见》。这些国家层面的法律法规和方针政策都有效地促进了传统民居文化的保护。在重庆市,2010 年重庆市规划局制定了《重庆土家族传统民居建筑风貌应用导则》;2011 年颁布了《重庆非物质文化遗产保护条例》,并于 2012 年 12 月 1 日起正式实施;2014 年 12 月 31 日重庆市文化委员会、重庆市财政局联合颁布了《重庆市非物质文化遗产代表性传承人管理办法》。这些地方性的政策法规也有效地促进了传统民居文化的保护与传承。

　　然而,对于山地传统民居文化来讲,不管是国家层面还是重庆市层面制定的有关法律法规和方针政策都比较宏观,缺乏一定的针对性和可操作性。因此,应尽快制定并完善有关山地传统民居文化保护与传承的地方技术标准和规范,如《重庆市山地传统民居保护规划技术导则》、《重庆市山地传统民居修缮技术导则》、《重庆市山地传统民居评价与动态监测技术规程》等,甚至针对渝东南地区制定相应的地方标准和规范,以加强可操作性。

7.1.2　传统民居文化保护与传承意识薄弱

　　随着城市化进程的加快和经济社会的发展,渝东南许多年轻人选择了外出打工谋生,离开了传统的生活环境,大部分年轻人接受了新的价值观念和生活理念。同时社会对传统民居文化长期的冷落,削弱了年轻人对传统文化的认同感,这些都是源于城市文化对乡土文化的冲击。例如,在渝东南的部分村落中新建房屋时,年轻人往往选择具有现代感的瓷砖房,而不选择传统的木构建筑风格,致使原有村落风貌的和谐度已被新兴的瓷砖房破坏,造成不可挽回的视觉污染,严重影响了传统聚落的环境景观价值(图 7.1)。

图 7.1　传统村落中的瓷砖房

　　另外,长期以来由于对传统聚落及民居建筑的稀缺性和不可再生性认识不足,许多传统聚落的格局风貌、生态环境不断遭受破坏,一些民间民俗文化濒临消亡,不少传统技艺和民间艺术后继乏人,面临失传的危险。

7.1.3　传统村落大多处于"空心化"的"自然性颓废"状态

　　渝东南地区的传统村落大多历史悠久,形成年代久远,散落在相对偏僻、贫困落后的山区,破败十分严重(图7.2)。除了极少数传统村落上了中国传统村落名录得到较好保护外,大多数传统村落仍散落乡间无人识、无钱修,处于自生自灭的状态,得不到有效保护。再加上近年来大量山区人口进城务工,不少传统村落逐渐"空心化"、"老龄化",有的甚至出现"无人村"。人去房空和"留守老人"是当今传统村落发展演变的一个显著特征。保护村落的主体流失,导致传统建筑无人维护,传统文化无人传承,村落发展举步维艰。近年来,一些有重要保护价值的民居建筑的精美木雕构件、门窗被一些文物贩子收购,其中一些文物贩子以购买"旧木料"的名义低价拆除传统民居建筑,转卖给旅游企业、景区或国外收藏者。

图7.2　处于"自然性颓废"状态的传统民居

　　建筑也是有生命的。当它所支撑而又依赖的生活形态延续时,建筑是"生"的,相反它所支撑而又依赖的生活形态不存在时,建筑也就"死"了(陆地,2006)。因此,如果一个传统村落出现"空心化"、"老龄化",甚至"无人村",失去了所依赖的生活形态时,该村落离"死"也就不远了。

有人认为保护传统民居应采取"把居民迁走,绝对地保存起来"。其实,对于这种把民居"冻结式保存"起来的做法,因无人使用,长期闲置,缺乏必要的维修而产生的"自然性颓废"破坏,相对于建设性破坏而言,也可称为"保存性破坏"(车震宇,2008)。

7.1.4　传统聚落"建设性破坏"、"旅游性破坏"正在蔓延

传统聚落"建设性破坏"主要表现在两个方面:一是农村用地政策不完善及随意"拆旧建新",导致传统聚落"自建性破坏";二是急功近利,追求政绩及形象工程误区所导致的"建设性破坏"。

随着社会经济发展和城镇化进程的加快,村民及古镇居民对现代生活方式和生活品质的合理追求,对原有居住环境的不满意构成了传统聚落保护的内部压力。尤其是交通方便、经济相对较发达的区域,富裕起来的村民和古镇居民为了改善居住条件,不断以"新"代"旧",以"洋"代"土",以"今"代"古",拆建改造了大量百年老宅,各式各样新式建筑随意插入,盲目增加现代建筑元素,新旧混搭,割断了传统聚落风貌的延续,使得传统民居在夹缝中艰难地"求生"(图7.3)。导致这种情形的最直接原因是我国传统聚落中的民居建筑大多为私房,"旧房宅基不拆,新房地基不批"的用地政策,迫使传统聚落原住民在原址上"拆旧建新"、"弃旧建新",使众多传统民居遭到普遍的"自建性破坏",使得整个聚落的风貌景观极不协调,这种现象不得不引起我国研究传统聚落保护政策的决策者的重视。

图 7.3　夹缝中"求生"的传统民居

有的地方政府为追求政绩而急功近利,急于搞"千村一面"、"千镇一面"的形象工程,随意推倒重建或盲目大拆大建,甚至按照城市模式大搞"村镇建设城市化",造成传统聚落的"建设性破坏"。有的大搞环境整治、风貌改造,使一些传统民居原有的生态格局、聚落肌理、历史风貌、建筑语言被肢解、破坏,甚至建筑本体也难逃被拆毁或迁移的命运;有的进行"花架子"建设,在修缮整治中将古建筑的墙体粉刷一新,真文物硬生生被修成了假文物。

近年来,一些地方政府和旅游开发公司打着"保护传统村落,保护古镇"的旗号,大搞旅游开发,导致传统聚落过度商业化,形成了一种"旅游性破坏",其实就是没有处理好保护与发展的关系。主要表现在把传统聚落当做开发旅游的赚钱工具,民居开发利用无序,维修质量粗糙低劣,随意改变原生态文化的真实性,甚至擅自进行迁建、移建、新建"仿古聚落",严重破坏了传统聚落原真性文化特征和原生态自然环境。

7.1.5 非物质文化遗产传承困难

随着城市化、市场化的不断推进,外来文化的不断涌入,渝东南传统聚落的民风民俗逐渐淡化,传统技艺、民间艺术后继乏人,濒临失传,客观上造成了对原生态民族文化的抛弃,增加了非物质文化遗产传承的难度。以土家族精湛的建筑技艺为例,很多营造技艺正在逐渐消失。追其原因,一是缺乏文字记录,单靠口传心授、代代相传已不能适应现代社会,家族、师徒的传承模式很大程度上限制了传统技艺的传承和传播;二是随着社会结构及价值观的转变,年轻人不愿学习这些古老技艺,而是谋求其他的生活方式,民间技师已严重老龄化。如今渝东南地区会本民族语言的人已经很少,民族服饰成为旅游开发的工具,传统吊脚楼已被现代楼房取代,传统建造技艺和民间艺术正濒临失传,文化传承后继无人,民居文化记忆正在不知不觉中消失。

7.1.6 保护与传承的专项资金空缺较大

所谓专项资金,是指国家有关部门或上级部门下拨的具有专门指定用途或特殊用途的资金。它有三个特点:一是来源于财政或上级单位;二是用于特定事项;三是需要单独核算。

2012年,住建部、文化部、国家文物局、财政部印发《关于切实加强中国传统村落保护的指导意见》,强调资金投入是传统村落保护的重要部分。2014~2016年共3年时间,中央财政计划将按平均每村300万元的标准共提供114亿元补助资金来保护3800个中国传统村落。该补助资金主要用于传统村落环境改善和基础设施建设。此外,中央财政还将投入7亿元资金用于这些村落的文物和文化遗产保护。目前,全国已有327个中国传统村落获得支持,重庆市共8个,其中渝东南5个,分别为秀山县梅江镇民族村,酉阳县酉水河镇的河湾村与后溪村,以及苍岭镇的大河口村与南腰界乡的南界村。

2012年,财政部、文化部颁布了《国家非物质文化遗产保护专项资金管理办法》,包括组织管理费和保护补助费两种,对非物质文化遗产项目管理、保护规划、国家级代表性传承人等进行支持。文化部规定对国家级非物质文化遗产传承人每人每年补贴 1 万元,而省级以下的非物质文化遗产传承人补贴则由各地方政府自行裁定,重庆市对省级非物质文化遗产传承人每人每年补贴 2000 元。

2013 年,财政部、国家文物局发布了《国家重点文物保护专项补助资金管理办法》,该办法对补助范围作了明确规定,即对全国重点文物保护单位、大遗址、世界文化遗产、考古发掘和可移动文物等的保护,可申请该专项补助。

国家、省市只对成功申报的历史文化名镇(村)、文物保护单位、非物质文化遗产、中国传统村落有一定资金支持,对其他的具有历史文化价值但未申报成功的传统村镇则没有资金支持。事实上,即使是已经公布的各级历史文化名镇(村)、文物保护单位、非物质文化遗产及被列入中国传统村落名录的村落,虽有国家和各级地方政府一定保护资金的支持,但是与实际需要的保护、修缮资金相比,空缺很大,而且地方政府因财力有限也很难落实到位。另外,传统民居的产权所有人或使用人,收入有限,更难以承担民居建筑保护所需的费用,很多传统民居因得不到及时修缮而损毁。同样,因对各级非物质文化遗产传承人的补助标准太低,传承人对传承活动的开展缺乏积极性。

7.2　山地传统民居文化保护与传承原则

7.2.1　可持续发展原则

可持续发展是一种注重长远发展的经济增长模式,指既满足当代人的需求,又不损害后代人满足其需求的发展。坚持可持续发展原则是指由实际情况的不同而导致的具体发展目标、政策和实施步骤不可能相同,但是可持续发展作为发展的总目标,所体现的公平性和可持续性原则,则是共同的。

对于渝东南山地传统民居文化的保护与传承,要站在以人为本的角度,以有利于实现传统民居的健康、和谐与可持续发展。因此,追求适度的经济效益将有助于传统民居文化的保护与传承。基于这一认识,经济产业发展布局必须与当地资源相结合,坚持可持续发展原则,使产业发展与民居文化保护、生态建设相结合,实现文化、产业和环境的良性循环,以提高渝东南地区产业可持续发展能力,但要防止传统聚落的过度商业化。

其实,坚持可持续发展原则就是要把"保护"与"发展"有机地结合起来,在"保护"中"发展",在"发展"中"保护",实现二者的和谐统一。"保护"与"发展"是两个相辅相成的因素,对传承传统民居文化有着重要影响。一方面既要尊重历史,科学地、合理地保存聚落空间格局、建筑遗产形态和传承民居文化精神;另一方面又必须面对现实,努力改善当地居民的生活条件,促进地方经济增长。如何认识两者的关系,并制定相应的策略,缓解二者之间的矛盾,是渝东南传统民居文化保护的一项迫切任务,也是渝东南传统民居文化未来发展的关键所在。"保护"和"发展"是两个内涵丰富的概念,二者关系的调整涉及多方面的利益变动,不同的立场必然持有不同的认识关系,从而引发社会各界的广泛争论。不同地域形成了不同的民居文化,其保护与发展所面临的问题也千差万别,"保护"与"发展"涉及具体的关系调整,矛盾点与侧重点均有所不同,因此应坚持"具体问题具体分析"

的原则,"就事论事"地来探讨两者的关系,而不应武断地将两者定性为非此即彼的零合关系。

7.2.2 因地制宜原则

该原则主要是通过分析传统聚落的发展条件、优势和劣势、机遇与挑战,制定科学合理的发展政策,做到扬长避短、发挥优势,达到以优化资源配置来促进传统民居文化保护与传承这一目的。

山地传统民居文化的保护与传承是个涉及面很广的问题,影响因素众多。不但有人文环境因素的影响,而且还有自然环境因素的制约;不但包括历史价值、艺术价值、科学价值,而且还具有经济价值;不但具有物质遗产形态,而且还具有非物质遗产形态。因此,在山地传统民居文化的保护与传承过程中,必须坚持因地制宜的原则,根据实际情况,立足区域独特的传统民居文化优势,深入挖掘整理传统民居文化内涵,将对不同类别、不同形态的民居文化采取不同的保护措施进行科学合理的保护与传承。

7.2.3 有机更新原则

"有机"就是有生机、有生命。传统聚落是一有机体,是具有生命活力的,体现了民居建筑与传统聚落的和谐,与自然的有机结合。"更新"包含了"改造、重建",主要是针对传统聚落的形态结构优化、社会经济发展内容的调适和生态环境的改善,是为了让传统聚落适应当今新生活的需求而进行的改变。

因此,作者认为传统聚落的有机更新不但要保存传统聚落的肌理与风貌,注重民居建筑的修缮与维护,而且还要以发展的眼光来看待,将现代生活方式与品质融入其中,做到民居建筑风貌原始化、传统化、自然化,而内部生活应具有一定程度的现代化、品质化。这样才能使传统聚落具有一定的人气、生气,防止传统民居过早地"死去"。

7.3 山地传统民居文化保护与传承策略

7.3.1 构建完善的保障机制

1. 强化顶层设计,加强监督管理

第一,各级政府应建立"保护责任追究制",将传统民居文化保护与传承纳入政绩考核。一是端正决策指导思想,确立保护传统民居文化就是发展生产力、增强文化软实力的新理念,将保护列入重要议事日程;二是改革"政绩考核"弊端,把传统民居文化保护作为社会经济发展的主要任务,纳入各级政府及领导的政绩考核,完善"保护责任追究制";三是创新保护与发展双赢新路,坚持"抢救第一,保护为主,合理利用,加强管理"的原则,探索保护与发展相互促进、相得益彰的双赢新路。

第二,地方政府应建立传统民居文化保护领导小组,职能部门各司其职,密切配合。一是建立传统民居文化保护领导小组。由领导小组负责该县(区)范围内的传统民居文化保护利用的协调指导工作,并作为考核政绩的重要内容。职能部门负责传统民居文化的

保护、利用、开发、管理工作,定期研究政策措施,协调解决问题。二是职能部门应各司其职,密切配合。政府明确规定传统民居文化保护范围;文化、文物部门负责对古民居建筑群和非物质文化遗产进行保护管理,建立文保档案,明确专人负责;建设规划、土地管理部门负责对传统聚落内的建设活动进行管理;旅游主管部门负责传统聚落开发旅游的监督管理;宣传部门加大宣传力度,创造全社会重视传统民居文化保护与传承的良好氛围和舆论环境,增强人们的自觉保护意识。

第三,各级人大、政协组织专家检查团对传统民居文化保护进行巡回督察和指导。通过巡回督察,切实解决传统民居文化保护开发中存在的问题,并对以后如何加强保护利用提出政策性、规范性、可操作的意见和措施,确保传统民居文化保护与发展的"双赢"。

2. 加大专项财政投入

渝东南山地传统民居文化保护工作量很大,涉及的内容很多而且资金需求也大,急需上至国家下至地方各级政府制定完善的专项财政支持政策,加大财政投入,以确保渝东南山地传统民居文化的传承与发展。

从国家层面,考虑到山地传统民居文化保护与传承的广泛性与紧迫性,中央财政应统筹新农村建设、国家重点文物保护、非物质文化遗产保护等专项资金,支持传统民居文化保护与传承。支持范围包括传统民居修缮、防灾减灾设施建设、聚落空间格局保护与修复、公共环境整治,以及文物保护、非物质文化遗产项目的保护等。

从地方层面,应调动地方政府的积极性,鼓励地方各级财政在中央补助基础上按一定比例加大投入力度。充分利用与传统民居保护有关的各项资金,如武陵山区扶贫资金、渝东南生态保护区等专项资金;加大重庆市级财政对传统民居文化保护的支持力度,可设置"渝东南山地传统民居文化保护与传承专项资金",并制定长期稳定的配套资金财政政策,逐步加大投入额度和比例;县(区)政府应结合国家、市级有关政策,加大财政支付中的民居文化资金比例,配合出台专项资金支持政策,对传统民居文化保护与传承较好的村、镇给予奖励。

从社会层面,一要引导社会力量通过投资、入股、租赁等多种方式积极参与山地传统民居文化的保护与传承;二要借助特色产业发展、扶贫政策、公益慈善等途径,推动社会各界关心支持传统民居文化的保护与传承。

3. 加强专门人才培养

人才培养是山地传统民居文化保护与传承的核心和关键所在,主要包括文化传承人才和民居修复人才的培养。

文化传承人是指完整掌握非物质文化遗产项目或者具有某项特殊技能的人员,同时也在开展传承活动,培养后继人才。民间非物质文化遗产继承人在文化传承中的作用是他人无法替代的。文化部颁布的《国家级非物质文化遗产项目代表性传承人认定与管理暂行办法》,对传承人的认定标准、权利、义务及管理作出了具体规定(图7.4)。

高台舞狮　　　　　　　　　　　　　　　秀山花灯

吹牛角　　登上玉皇台

上刀杆　　上刀山全景图　　下刀杆

上刀山　　　　　　　　　　　　　　　　耍锣鼓

图 7.4　文化传承人正在传授技艺
资料来源:酉阳县文化馆李化提供

培养文化传承人才首先是政府应制订人才培养计划,建立健全教育培训体系;设立专项人才培养基金,建立和完善人才培养激励机制,为培养文化遗产传承人提供支持。其次充分发挥学校教育的力量,应该鼓励和支持各级学校开展优秀的民居文化遗产的教育与研究活动,根据不同年龄段人员的特点,因材施教。以普及性教育的方式,把传统民居文化引入当地中小学校园,让当地孩子从小接受传统民居文化的教育和熏陶。最后是运用现代新的传媒方式扩大民居文化遗产在继承人中的影响。继承人的培养,最重要的是思想观念的改变,即传承人的任务不仅是向少数学徒进行传授,而应该把眼光放到民间和民众。民居文化遗产传承的方式,不应局限于家庭和家族传承,而应更多地进行群体传承和社会传承。

民居修复人才是指具有传统民居建造技艺的高级技能人才,包括木匠、石匠、泥瓦匠等。我国传统民居保护理论知识薄弱,专业性人才缺乏,民间世代相传的建造技艺也在城市化发展中失去传承人。目前虽然有的高校都设置了古建筑保护类专业,但是并没有像热门专业那样受到广大学子的青睐,愿意学习此专业的人才也屈指可数。在国内更未广泛开设民居修复技能培训课程。因此,需要加强专业人员培养,提高传统民居保护理论研究水平和实践操作能力。

4. 提高传统民居文化保护与传承主体的参与度

民居文化持有人是传承主体的关键因素,决定着民居的发展方向。那些构成文化遗产的特殊记忆和技艺,都深植于老百姓当中,没有人是先知先觉的,他们要么出于对祖先的敬畏,要么是出于对自己生存状态的守护,当然也有自觉传承的。应唤起广大群众对本地区民居文化的认识与肯定,增强广大群众的文化自觉性,逐渐在全社会形成良好的氛围,为民居文化的保护与传承打下牢固的基础并提供可靠的保证。将非物质文化遗产的保护传承融合为日常生活的一部分。生活方式作为文化群体的物质文化与精神文化的综合体现,具有较大的稳定性,要通过代代相传的方式传承下去。

民间文化保护团体分为两类:一是研究协会;二是行业协会。这种民间文化保护团体可以起到专业技术指导作用、协调支持作用和社会监督作用。建立健全民居文化民间保护团体,落实责任义务,制订保护发展规划,出台支持政策,鼓励村民和公众参与,建立档案和信息管理系统,实施预警和退出机制。

7.3.2　建立传统民居数字化动态监测系统

渝东南地区独具特色的传统聚落景观、传统民居建筑、民居建造技艺及非物质文化遗产等山地传统民居文化在城市化、市场化、全球化浪潮的冲击下正在逐渐丧失,并且由于财力、人力有限,不可能对每一个聚落、每一栋民居实行全方位的保护,因此,建立传统民居数字化动态监测系统,实行数字化保护,不愧为一良策。

1. 传统民居的实地普查

传统民居的实地普查方法主要包括文献收集、GPS 定位、拍照、测绘及问卷访谈信息收集等,其中测绘是重要手段之一。

1) 传统民居背景信息普查

首先,收集当地传统民居相关的文献资料,尽可能多地掌握背景信息,减少大量的实地普查工作,对当地传统聚落的选址与营造、形态与布局、景观与环境,以及民居建筑的功能空间、建筑形制、建造技艺、建筑结构、建筑构造、物理环境、装饰艺术和营造习俗等进行初步的了解,然后选定需要重点普查的对象。其次,对传统民居进行影像记录,同样是建立在普查对象编号的基础上,在调研时,依据编号的顺序对各个传统民居逐一进行 GPS 定位和拍照。最后,通过对当地居民实地访谈和问卷调查,了解有关传统民居的使用情况、保存状况等内容。

2) 传统民居测绘与空间信息普查

可采用三维激光扫描系统对传统聚落、民居建筑进行数字化测绘,该系统是一种较为成熟的数字化测绘方式,可大大减少工作量、提高工作效率和测绘精度。三维激光扫描仪是该测绘系统的主要构件,它是由激光测距仪与角度测量装置组合的数字化测绘仪器。其工作原理是通过不断扫描测绘对象,以点云的形式来描绘测绘对象的空间形态,再将点云进行拼接和整合形成测绘对象的完整形态,形成三维实体点云数据模型。三维激光扫描仪不但能够通过点云形成测绘对象的三维形态,而且通过一定的步骤也能与常用的绘图软件、建模软件衔接。如果测绘对象形态较为复杂,可以从不同的角度分步完成,再将几个图形进行拼合。对于比较重要的建筑细节和构造大样可以进行单独测绘。测绘完成之后,就可以通过后期处理软件直接读取传统聚落、民居建筑的空间信息,如聚落的形态、周长、面积,建筑的长、宽、高和面积等。

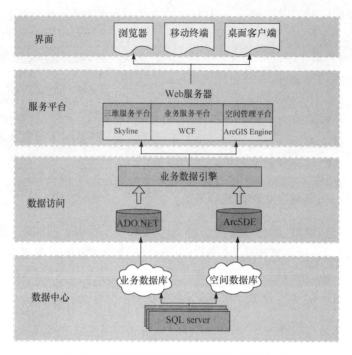

图 7.5　山地传统民居动态监测系统框架结构

在三维激光扫描系统测绘的基础之上，可增加空间信息普查进行校正。首先利用 GPS 进行地面传统民居定位，记录每一栋传统民居的经纬度；其次通过 IKONOS 卫星、无人飞机和无人飞艇拍摄高分辨率的影像图，进行传统民居空间方位、边界、形状等信息解译，最后通过 ArcGIS 把空间信息输入电脑，为实地普查工作提供更丰富、更坚实的基础数据。

2. 传统民居的数字化

传统民居的数字化主要是通过 ArcGIS 将传统聚落、民居建筑的自然环境、人文环境，以及选址营建、空间形态、历史文化、使用功能等信息进行数字化，构建传统民居的属性数据库和空间数据库，并形成一个统一的整体。

3. 传统民居数字化动态监测系统构建

传统居民数字化监测系统是根据平台建设策略，采用成熟的软件产品，通过简单的组装和定制开发，以优秀的体系结构来建立系统数据框架和系统服务框架，以搭建平台的思路来整合传统民居聚落社会经济发展、生态环境质量及民居建筑物理环境等数据的监测管理，以服务的方式来进行系统和数据集成，在统一的基础框架上来进行系统各功能模块的开发，最大限度地减少系统投资，确保系统的先进性、成熟性、稳定性、可扩展性和灵活性，适应数据不断变化的需要（图 7.5、图 7.6）。总之，作者开发的山地传统民居数字化动态监测系统以数字化信息库为基础，利用 3S 技术开发，具有信息提取、动态监控、数字化分析、一体化管理等多种功能，将为渝东南山地传统民居文化的保护与传承提供强有力的技术支撑。

图 7.6　山地传统民居动态监测系统界面

7.3.3　传统聚落文化的保护与传承策略

1. 聚落整体格局保护

1）自然山水格局与生态环境的保护

传统聚落与自然环境紧密结合是渝东南的地域特色。自然环境作为聚落空间形成的基础和载体，应更加注重对聚落周围自然山水格局与生态环境的保护，包括地形地貌、河流、湖泊、植被等，从而达到延续聚落与山水空间的融合与共存关系，尽可能保留居民原有的生活居住氛围。保护聚落周围的山体，防止乱开乱挖；河道流向、断面形式要保持原有风貌，不得填埋河道，需及时清理河岸、疏通河道，沿河修建的建筑不得破坏自然风貌；保护植被要因地制宜，不得乱砍滥伐树木，实行封山育林，让森林保持其原有风貌。这实际上是要保护好传统聚落的景观基因元(图 7.7、图 7.8)。

图 7.7　武隆县沧沟乡大田村

图 7.8　武隆县浩口乡浩口村田家寨

2）空间形态与传统风貌的保护

空间形态与传统风貌是聚落在长期的历史演变过程中逐渐形成的,具有深厚的文化底蕴。无论是组团式还是带状布局,无论是转角吊脚楼还是座子屋,均是与自然环境长期协调的结果。尊重聚落空间形态与传统肌理,不改变原有地形地貌,新规划的道路、建筑、设施等不得破坏聚落原有的空间形态与肌理,并有利于聚落原有空间形态与肌理的延续与传承。对于破坏整体风貌的道路、建筑应进行整改。注重聚落空间形态的完整性、传统风貌的继承性,控制新建建筑的高度,特别是要控制主要眺望点周围的建筑高度,以保障视线的通达性。用地布局时需对可能影响原有空间形态和传统风貌的用地功能进行调整,处理好新老用地的协调性。这实际上是要保护好传统聚落的景观信息图谱。

3）进一步完善并提升传统聚落的综合功能

完善传统聚落水、电、公共照明、道路、消防设施、卫生、垃圾处理等基础设施和教育、医疗、商业等公共服务设施的建设,开展传统建筑节能改造和功能提升,改善居住条件,以适应现代生活的需求,为居民创造与当今社会接轨的人居环境,切实提高居民的生活质量（图 7.9）。

昔日的火铺屋改造为起居室(酉阳县石泉苗寨)

厕所改造(秀山县金珠苗寨)

消防栓(濯水古镇)

垃圾箱(濯水古镇)

图 7.9　人居环境的改善与功能提升

2. 聚落文化传承

渝东南绝大多数聚落形成于明清时期,蕴含着丰富的文化底蕴,如注重聚落选址与自然环境和谐统一的风水文化,体现聚落内部空间等级秩序的礼制文化,展现沿河聚落开放性的码头文化,以及深居山区腹地聚落封闭性的山地文化等。这些文化是传统聚落适应当地自然环境和人文环境的结果,凸显了当地居住文化的特色。

尽管传统的聚落形式已经不适宜大量推广,但其隐含的人居环境思想和生态智慧依然对今天的现代聚居社区的发展起着指导作用。我们应传承聚落文化,将其用于现代社区的规划建设中,努力优化人居环境,实现人与自然的和谐发展。遵循聚落选址规律,倡导"天人合一"的景观意象,传承聚落文化。在提供现代化、高水平物质生活的同时,提供丰富的精神文化生活,优美、生态化的自然景观,让人们感受到聚居社区生活的便捷性、安全性、舒适性和聚居环境的亲切性、宜人性、认知性和心理归属性(李芗等,2002)。这难道不是风水文化追寻理想人居环境的真实写照吗?因此,在渝东南新建居住社区中,应继承并发扬传统聚落文化基因与空间原型,尊重并保存少数民族的传统习俗、传统特色。聚落文化隐藏在一个民族、一个地域之中,一旦外界条件成熟,还会在新的条件下创造新的地域文化。

7.3.4　民居建筑文化的保护与传承策略

1. 民居建筑的保护

1) 制定修复技术导则

渝东南民居建筑保护措施的制定要在坚持原真性、整体性和可持续性的基础上,对重要民居建筑坚持"保护原状"的原则,严格保护。制定并完善相关山地传统民居修复技术导则,将空间功能、格局形制、构造体系、装饰艺术、工匠技艺、建房习俗等进行规范,并将传统民居建筑的设计理念、艺术水准、生态智慧、施工方法和程序等通过技术导则予以传承。技术导则应注重贴近群众需要、彰显建筑特色、强调安全经济实用。

2) 民居建筑的保护方法

应普查渝东南传统民居建筑,分析研究其地域特点、保存现状和文化价值,建立详尽的传统民居档案和信息管理系统,拟订保护名单;在不改变现状的基础上采取相应措施维护空间形态和风貌特色;对民居建筑内部设施和空间布局进行适当改造,以提升其使用功能;对腐朽、遭破坏的结构体系和构件进行更换(图 7.10);改善传统民居的通风、采光与防潮等物理环境,以进一步提升人居环境品质;对于与传统风貌不协调的建筑,特别是现代建筑,应按照民居建筑风貌要求对建筑材料、色彩、装饰、格局等方面进行适当改造。

3) 民居建筑高度控制

无论是民居建筑维修还是新建建筑,均需根据当地聚落、建筑风貌来控制高度,保护民居建筑空间轮廓线,保持视线的通达性。渝东南多数民居建筑层数为一两层,古镇、古村落的核心保护区域新建建筑高度控制在两层以下,环境协调区新建建筑高度控制在四层以下,具体情况视地形起伏变化而变化,同时对建筑高度进行分区控制。

图 7.10　传统民居修缮

2. 民居建筑文化的传承

如何继承和弘扬传统民居建筑文化,不仅需要通过建造技术手段的改进、表达技巧的提高,而且还要站在哲学的高度思考现代建筑与传统文化的内在关联,才能在深层次上继承和弘扬传统民居建筑文化。因此,在现代建筑设计中,应深入挖掘传统民居建筑文化景观信息元,并充分借鉴其景观信息图谱,既不能简单模仿传统民居的格局与形制,又能将其隐性的观念与精神价值表达出来,即以"抽象继承"的方式,将那些看不见的东西用抽象的方法加以再现,即将传统民居蕴含的风水文化、礼制文化、家庭观念、隐私文化等运用到现实创作中来,进行有效的借鉴与创新(图7.11)。

在修复和更新传统民居建筑时,应分析和提取民居建筑景观信息图谱,包括格局形制、屋顶形态、结构体系、材料色彩、装饰艺术等景观信息,将这些景观信息有机地运用到民居建筑风貌保护中;将传统民居技术价值、使用价值、艺术价值融入现代居住设计,遵循就地取材;建筑空间上充分利用厅、堂、廊、院落、天井的有机组合和合理配置,达到现代居住需求,使传统建筑与现代生活方式完美结合。

传统民居营造技艺是建筑文化传承的重要内容之一,包括选料、加工和安装。然而精通传统建造技艺的木匠、石匠、泥瓦匠越来越少,出现了断层现象,传统技艺逐渐失传。因此,当地政府应加大传统技艺培训力度,讲解传统民居保护相关专业技术知识,组织当地工匠师傅考察学习外地先进做法,提高技能,切实培养一批高水平的传统民居建筑技艺专家。

通过对传统聚落文化、民居建筑文化的保护,确保了民居文化景观基因的传承,能够为民居建筑的保护及现代住区的设计建造提供原型,为传统聚落的保护与发展提供强有力的支持。

图 7.11　现代民居设计中再现了传统民居的某种原型

7.3.5　民居建筑物理环境优化策略

受特殊的自然条件、年久失修及经济发展水平低下等因素的综合影响,渝东南地区传统民居大多存在昏暗、潮湿、通风不畅等物理环境问题。因此,通过建筑物理环境的优化,既能实现传统民居功能的改善与提升,满足居住要求,又能保留传统民居的风貌特色。

1. 通风优化策略

总体来讲,渝东南地区传统民居还是比较注重通风散湿的,但是民居建筑的偏房缺乏有效的热压通风,造成了通风效果不理想,因此可通过门窗、阁楼、楼梯、天井等的合理化设计,即构造措施来解决。门窗的设计,木板门上部开"亮子",在门下部也留有一条缝,形成上下通风;对于房间内门,可以采用百叶门的形式;大部分民居建筑后墙未开窗,可在屋檐下开排气洞口,利用穿堂风,增强房间内部通风效果;把阁楼的部分板楼改造为条楼,并合理设计阁楼通风口位置,以改善通风效果;在封闭的山墙上开孔以利于室内通风(图7.12);在楼梯间放置风机,利用烟囱效应,抽出房间内空气,达到室内外气流交换的作用;位于天井四周的房间,其门窗位置、大小要设计合理通透,使气流得到交换。

除了构造措施外,还有自然通风措施,主要包括:在屋前修建水池,利用水体达到自然通风效果;在窗户边种植树干修长、树冠枝叶茂盛的树种,利用绿化形成天然冷源,有利于夏季空气循环降温且不影响采光。

图7.12　通风措施(左图为板楼改造为条楼以利通风,右图为在山墙上开孔以利通风)

2. 采光优化策略

自然环境、规划布局、建筑形式、景观植物均能影响建筑采光。渝东南大部分民居进深较深,门窗大小及位置不合理,建筑光环境不佳。按照《建筑采光设计标准》(GB 50033—2013)规定,可综合考虑空间形态、建筑构造、房间大小及采光口位置等来改善和优化光环境。目前民居建筑光环境优化策略主要包括直接采光和间接采光两种策略。

1) 直接采光

当房间内的天然光照度不能满足采光要求时,可通过增加开设直接的采光口的方式,即直接采光进行改善,一般有四种方式:门洞口采光、侧窗采光、屋顶采光和天井采光。门洞口采光,包括加亮子、花格门、门联窗等方式,具有工艺简单、实用性强的特点;侧窗采光,主要是增加普通侧窗方式,具有不影响建筑风貌、造价低廉、便于操作的特点;屋顶采光,包括增设斜屋顶窗、亮瓦等方式;天井采光,包括增设抱厅、斗井、采光井等形式。后两种方式对建筑风貌有一定影响,但具有经济性强且便于操作的特点(表7.1)。

表 7.1 山地传统民居直接采光策略(翟逸波,2014)

策略	具体方式	构造组成原理	分析图/示意图	适用位置	案例
门洞口采光	加亮子	在门上加固定窗或悬窗	亮子	房间入口	
	花格门	将门上部分做成窗的形式		室内外门	
	门联窗	在紧贴门的一侧或两侧做窗户	门联窗	门一侧或两侧	
侧窗采光	普通侧窗	墙面上直接开洞口将室外天然光引入室内	高侧窗 低侧窗	外墙面	
屋顶采光	亮瓦	即透明瓦片,将屋面部分瓦片替换成透明瓦片进行采光		屋顶	
	斜屋顶窗	镶嵌于坡屋顶中的洞口,一般采用旋窗		坡屋顶	

续表

策略	具体方式	构造组成原理	分析图/示意图	适用位置	案例
天井采光	抱厅	天井上空加以屋盖，利用屋顶两侧通透的山墙面及屋檐的高差组织采光		天井上空	
	斗井	利用涂上光洁漆的木板做成上小下大两头空的斗状物，来增加活动区域的采光量	斗口	有隔断的底层空间	
	采光井	有三面以上围合界面的采光深井，一般面积不大	采光井	有隔断的底层空间	

2）间接采光

当房间内的天然光照度不能满足采光标准，又不便于开设直接的采光口增加照度，可以通过间接采光方式进行改善，主要有五种方式：导光棱镜窗采光、反光板辅助采光、导光管采光、光导纤维采光和反射材料采光。导光棱镜窗采光是通过棱镜的折射作用，在窗口改变室外天然光的入射方向，将其引入房间内部，能降低近窗处照度，有效提高房间深处照度水平，增加室内均匀度；反光板辅助采光则是利用涂有高反光材料的反光板将近窗口的天然光引入室内深处；导光管采光原理是通过光在导光筒中的层层反射，将其从室外映入室内，又分为主动式、被动式，具有风貌影响小、造价高且需专业人员维护的特点；光导纤维采光是由聚光、传光和出光三部分组成，聚光部分把太阳光聚在焦点上，对准光纤束，传光的光纤束根据光的全反射原理，使光线传输到另一端，具有对风貌影响较小、造价一般、操作性一般的特点；反射材料采光是将室内墙面刷白或贴反射率较高的面砖进行采光，以增加照度（表7.2）。

表7.2　山地传统民居间接采光策略（翟逸波，2014）

策略	类型	构造组成原理	分析图/示意图	适用位置	案例
导光棱镜窗采光	导光棱镜窗	普通玻璃替换为棱镜	工作面高度	窗	

续表

策略	类型	构造组成原理	分析图/示意图	适用位置	案例
反光板辅助采光	反光板	在侧窗内侧或外侧安装表面涂有高反射材质的反光板		窗	
导光管采光	主动式	利用定日镜将室外天然光通过导光管引入室内,包括定日镜、导光筒、漫射器		无直接对外界面	
导光管采光	被动式	利用透明玻璃罩将室外天然光通过导光管引入室内,包括集光器、导光筒、漫射器		无直接对外界面	
光导纤维采光	光导纤维	由聚光、传光和出光三部分组成;聚光部分把太阳光聚在焦点上,对准光纤束,传光的光纤束根据光的全反射原理,使光线传输到另一端		无直接对外界面	
反射材料采光	反射材料采光	将室内墙面刷白或贴反射率较高的面砖,以增加墙面材料反射率	—	室内	

3. 防潮隔热优化策略

由于渝东南地区具有夏季潮热、冬季阴冷的气候特征,传统民居存在着易于受潮、隔热保温性能不佳等问题。通风、采光条件的改善虽有利于解决防潮问题,但防潮的关键在于新技术手段的运用。

　　渝东南传统民居大多采用木板壁作为围护结构,防潮、隔热、隔音性能差,因此,可采用带空气层防潮吸音围护结构来解决这些问题。该结构是一种具有隔热、防潮功能的传统民居木结构墙体实用技术,其构造如图7.13所示,由室外向室内依次设置:1为外饰面板;2为外饰面板与隔热防水层之间形成相对封闭的空气层;3为隔热防水层;4为外层阻燃型吸音保温材料层;5为水蒸气阻碍层;6为内层阻燃型吸音保温材料层;7为内饰面板;8为加固螺钉。该围护结构通过空气层的设置以及隔热防水层,内、外层阻燃型吸音保温材料层和水蒸气阻碍层的配合设计,可以有效地防止保温材料内的湿积累,解决了因保温系统内透湿性较差对保温系统的耐久性、结构强度和保温性能的影响。该围护结构具有良好的保温节能、透湿防潮、吸隔音等性能,能从根本上克服建筑多孔材料外围护结构内部易受潮冷凝、霉变、不透气、吸隔音差等系列缺陷。

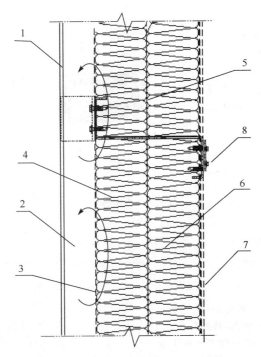

图7.13　具有隔热、防潮功能的传统民居木结构墙体构造

　　渝东南地区传统民居最怕地板"出水"(图7.14),室内衣物、棉被等物品也因吸收空气中的水分而"发霉",直接影响到用户的正常使用,给用户带来了许多不便。因此,可采用架空楼板的方式来解决室内地面潮湿问题,以改善室内空气质量,提高居住品质(图7.15)。

图 7.14　传统民居室内地面潮湿问题

图 7.15　采用架空楼板的方式防潮

7.3.6　基于适度旅游开发的传统民居文化保护策略

因地制宜适度发展特色旅游产业的目的,就是要保留当地传统民居文化特色,增强传统民居的活力,促进传统聚落健康、可持续发展。在开发策略上,渝东南各地应根据所处的地理位置,依托各自的资源优势,确立不同的开发思路,通过采取切实有效的举措来规范管理,打造精品。传统民居旅游产业可持续发展的核心问题在于保护当地的民居文化遗产。要通过发展当地特色旅游产业来带动农村经济,如开发民居旅游、民俗旅游等,充分利用当地的各种民居文化资源,使传统聚落得到全面的发展,使居民的生活质量得到提高。从某种程度上讲,只有当民俗文化、传统技艺转化成经济效益,才能有更多的人参与其中的传承,民居文化才不至于消失,文化才能得到延续。

传统聚落可以进行一些旅游开发,但是传统聚落的功能不仅仅局限于旅游。如何处理好传统民居保护与旅游开发利用是一个世界性的问题,至今各国还在继续研究和探索。我国传统村落普遍存在旅游开发过度的问题。联合国教科文组织认为,传统聚落是具有历史文化、艺术、科学、经济、社会等多方面功能的,旅游只是其中之一。保护传统聚落的目的不仅仅是要体现和利用经济功能,还要花更多的精力去体现和发挥历史文化功能、艺术功能、科学功能、社会功能等。

　　为了防止传统聚落旅游的过度开发,除了对旅游开发面积、业态在规划上做一些限定以外,还要给一个疏导的出路,因为这些地方都比较贫困。为了保护和传承传统民居文化,要防止大面积的低层次过度开发,应主张高层次的适度旅游开发。例如,通过建立民居活态文化博物馆、民族生态博物馆、民俗文化村等形式,彰显传统民居的历史文化、艺术、科学、社会、经济等多种功能。以旅游发展为手段带动文化保护,以文化保护促进旅游发展。主要是为保护各民族典型的传统聚落、民居建筑、传统技艺和民风民俗,挽救濒临损毁的传统民居文化(图7.16)。

面具阳戏表演　　　　　　　　　　　　　游客学跳摆手舞

秀山花灯表演　　　　　　　　　　　　　高台舞狮表演

图 7.16　富有地方特色的非物质文化遗产项目表演

7.4　古镇型山地传统民居文化保护与传承
——以酉阳县龚滩古镇为例

7.4.1　龚滩古镇民居文化保护与传承中存在的问题

　　虽然龚滩古镇为异地整体搬迁复原重建,但仍较好地保留了以前的古镇风貌和空间形态。山环水抱、山-水-镇交相辉映、街巷空间独具特色。景观信息元、景观信息图谱均得到了较好的保护与传承。但随着社会经济的发展和城市化浪潮的冲击,龚滩传统民居文化保护与传承存在着如下问题。

1. 传统居民文化保护与传承意识薄弱

当地居民尤其是年轻人新建住房时常常选择钢筋混凝土的仿古建筑，而不是传统的木构建筑；有不少的人片面地认为保护古镇的唯一目的就是发展旅游业，而不是传承文化；一些非物质文化遗产濒临消亡，后继乏人，面临失传的危险。

2. "建设性破坏"与"旅游性破坏"有所增加

古镇新建建筑过多，破坏了聚落风貌，特别是古镇后面的新镇建设，完全是现代风格，简直大煞风景；临路街区及古镇南北两头的出入口建筑杂乱，与古镇风貌形成极大的冲突，甚至给古镇带来严重的视觉污染，大大降低了古镇的环境景观价值（图 7.17）；旅游开发有所过度，对古镇也造成了一定程度的破坏。

图 7.17　龚滩古镇中极不协调的现代建筑及大体量建筑

3. 保护与传承的资金缺口较大

龚滩新镇正在进行风貌改造，工程量大、耗时长，资金需求大，目前国家与地方政府投入远远不够；除了一些重要的会馆、祠庙和商行等得到很好的复原保护之外，沿江吊脚楼原始风貌保护性复原相对薄弱，空间形态和质感肌理都与原有建筑风貌差异较大；街巷特色开放节点恢复较差，削弱了民俗民风环境氛围；古镇基本恢复了传统街道的空间格局，但对特色街巷节点复原较弱；古镇山地特色的绿化环境恢复较差，特别是有地域特色的高大乔木缺乏，致使古镇的自然生态环境相对薄弱。

7.4.2　龚滩古镇民居文化保护与传承策略

1. 完善保障机制建设

（1）强化顶层设计，加强监督管理。酉阳县政府与龚滩镇政府应建立"龚滩古镇保护责任追究制"，将传统民居文化保护与传承纳入政绩考核；县镇两级政府应建立传统民居文化保护领导小组，职能部门各司其职，密切配合；市县人大、政协组织专家检查团对传统民居文化保护进行巡回督察和指导。

（2）加大专项财政投入。国家、重庆市、酉阳县等各级政府，应统筹考虑合理分配新农村建设、重点文物保护单位、非物质文化遗产、历史文化名镇等各种专项资金，并加大财政投入；动员社会各界力量通过投资、入股、租赁、捐赠等多种方式积极参与龚滩古镇传统民居文化的保护与传承。

（3）加强专门人才培养，提高民居文化保护与传承主体的参与度。培训文物保护管理人员，进行民居建筑保护修复知识的培训，安排专门人员对民居建筑的日常维护工作，出台相关支持政策，鼓励居民积极参与。

2. 强化古镇聚落文化的保护与传承

1）聚落整体格局保护

首先，加强古镇自然山水格局与生态环境的保护。强化凤凰山、白马山等山体的植被保护，防止水土流失；加强河流岸线整治，严格控制污水排放，建立滨河绿化带保护乌江、阿蓬江的水体环境；在新旧城镇建立绿化隔离带，建立沿江景观绿化带。其实，就是强化自然景观信息元的养护，使山、水、林、镇构成一个良性循环的生态系统。

其次，加强古镇街巷空间形态及传统风貌保护。控制古镇街道宽度、街巷与临街建筑高宽比例；对祠堂庙宇前的开阔场地、顺应地形自然拓宽的节点空间等进行保护；规定不得修建房屋，禁止临街店铺占用公共空间经营；保护所有的传统路面铺装；环境协调区以保护古镇的视觉景观为主要依据，对天际轮廓线起重要作用的新镇中的建筑进行立面整治，保护镇区周边的自然环境，控制新镇建设向凤凰山蔓延发展；节点空间风貌保护与整治，包括古镇入口节点环境整治，滨江文化休闲设施的完善，以及滨江历史建筑风貌的恢复等；保护并延续河谷型带状聚落这一景观信息图谱，防止古镇与新镇在今后的发展过程中融为一体（图7.18）。

2）聚落文化传承

龚滩古镇具有1700多年的历史，是重庆市级历史文化名镇。除了会馆、祠庙、商行和大量民居建筑等物质文化之外，还有土家摆手舞、面具阳戏、哭嫁、乌江船工号子等丰富多彩的民俗文化，具有明显开放性和兼容性特征的码头文化，遵从自然、追寻"天人合一"的风水文化，以及礼制尊卑的儒家文化和土司文化。总之，龚滩古镇为贸易聚落，其文化特别是精神文化表现为不畏艰险、团结互助、勤劳朴实、开放包容、尊重自然这一优良品质。因此，除了继承和发扬富有特色的物质文化之外，还要传承优良的精神文化。

古镇风貌协调区

古镇风貌协调区立面改造设计

图 7.18　龚滩古镇风貌协调区

资料来源:重庆大学城市规划与设计研究院.2012.重庆市级历史文化名镇酉阳县龚滩镇保护规划

3. 强化古镇民居建筑文化的保护与传承

1) 历史建筑物的保护

按建筑的历史价值、风貌特色,可将古镇建筑物分为文物保护单位、重要历史建筑和一般传统建筑。

(1) 文物保护单位。龚滩古镇有三抚庙、半边仓、川主庙、董家祠堂、周家院子、西秦会馆、冉家院子等为主要组成内容的龚滩古建筑群,是重庆市级文物保护单位。一要严格尊重文保单位的历史面貌,不可随意更改、加建、增建;二要恢复和整治周边环境和庭院天井环境,以实现对文物的整体性保护;三是因这些文保单位是以木结构为主的建筑,应加强对其病虫害的治理与防控,并建立病虫害防治档案记录。

(2) 重要历史建筑。龚滩古镇主要有织女楼、夏家院子、董家院子、李氏客栈和隆茂作坊等重要历史建筑。采取利用与维护相结合的原则,维护其原有用途和功能,如隆茂作坊,维修整治后仍可作为手工业作坊;夏家院子作为民俗陈列馆使用;织女楼、李氏客栈可作为浏览点和休闲场所使用。

(3) 一般传统建筑。一是改进设计,为居民增加使用空间;二是通过平改坡设计,使其与整个古镇风貌协调一致。

2) 建筑高度与视线廊道控制

(1) 建筑高度控制措施。首先,保护古镇的天际轮廓线。从乌江江面仰望或从对面乌龙山俯瞰时,建筑高度应随地势起伏而变化,在地势低凹处建筑更矮,在地势凸显处建筑略高,以增强地势的起伏变化,但严禁超过 12m 的建筑。其次,保护古镇建筑群的背景。其背景应是绿树成荫的自然山体或湛蓝色的天空,而不是与古镇景观环境极不协调的现代方盒式建筑(图 7.19)。靠近古镇的新镇建筑作为古镇建筑群的背景,不应出现超过 24m 的建筑,防止其破坏整个古镇风貌(图 7.20)。

图 7.19 龚滩新镇建筑风貌

(2) 整个镇区的高度控制。其一,古镇保护区范围内根据现状环境和搬迁前古镇历史资料,新建或改建建筑檐口高度控制在 9m 以下,文保建筑及重点历史建筑高度应控制在 7m 以下;其二,临江建筑高度控制在 9m 以下;其三,风貌控制区内,新修建筑檐口高度应控制在 12m 以下。

图 7.20 龚滩古镇整体风貌及天际线

资料来源:重庆大学城市规划与设计研究院.2012.重庆市级历史文化名镇酉阳县龚滩镇保护规划

(3) 视线廊道的控制。严格保护古镇签门口、巨人梯、桥重桥等节点的视线廊道。廊道周围应严格控制建筑的体量与空间尺度。保护自然冲沟所形成的自然廊道,保持古镇建筑群与江面在空间联系上的畅通。对于西秦会馆、川主庙、董家祠堂等古镇标志性建筑之间的视线廊道,规划时规定建筑物檐口高度控制在 7m 以下。

　　3) 风貌协调区建筑改造修复方式

　　风貌协调区的建筑都是方盒子式的现代建筑,因此,应针对其现状及存在的各种问题,充分尊重建筑的历史面貌,不要随意增减和改造;对于街道两侧已经修建的所有新建筑,对其外观采用修景的方式进行改造,增加青瓦屋面或挑檐,对外墙进行粉刷和装饰,形成与传统建筑协调统一的建筑外观(表 7.3)。

　　(1) 屋顶改造。目前风貌协调区的建筑屋顶多为平屋顶,白色或灰色抹灰墙面,一般为小面宽大进深建筑,现代铝合金门窗。运用两种方式进行改造:一是对于进深较大的建筑,可在原有平屋顶上增加一层(带阁楼)功能房间,并改造为坡屋顶;二是对于进深较小的建筑,可将原有平屋顶直接改造为坡屋顶。增加部分采用木结构构筑方式,使改造的建筑风貌协调一致。

　　(2) 建筑侧立面改造。建筑侧立面现状为平屋顶,不开窗或开窗小,白色或灰色抹灰墙面。有两种方式进行改造:一是在侧立面增加挑檐和披檐;二是在侧立面加建挑廊,并在外面贴木条。这样可为居民提供外廊休闲空间,使原有立面更加丰富,保留龚滩古镇建筑特色,使整个镇区的建筑风貌协调一致。

　　(3) 挑廊改造模式。挑廊有三种改造模式:一是增加一层挑廊;二是增加两层挑廊,层层推进;三是增加两层挑廊,角铁固定。

　　建筑风貌改造修复是一项复杂的系统工程,应具体问题具体分析,鉴于龚滩古镇的实际情况,一般主体结构为钢筋混凝土,其改造修复部分为木结构,这样既坚固防火,又与古镇风貌协调一致(图 7.21)。

表 7.3　风貌协调区建筑立面改造方案

改造区域	现状	改造方案	
屋顶改造			
侧立面改造			

改造区域	现状	改造方案
挑廊改造	—	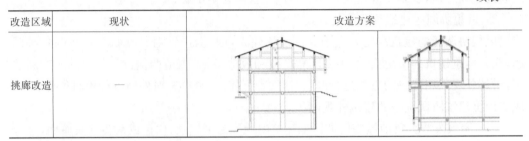

资料来源：重庆大学城市规划与设计研究院.2012.重庆市级历史文化名镇酉阳县龚滩镇保护规划

4）民居建筑文化的传承

据前文研究，龚滩古镇有"一"形穿斗式木板壁悬山式民居、"一"形穿斗式木板壁悬山-披檐式民居等12种民居建筑景观信息图谱。因此在修复和更新传统民居建筑时，应分析和提取民居建筑文化景观信息元，并充分借鉴民居建筑景观信息图谱，将其有机运用到民居建筑风貌保护中；将传统民居技术价值、使用价值、艺术价值融入现代居住设计，就地取材；建筑空间上充分利用厅、堂、廊、院落、天井的有机组合和合理配置，达到现代居住需求，使传统建筑与现代生活方式完美结合。

图7.21　龚滩古镇中正在进行风貌改造修复的建筑

4. 适度的旅游开发

龚滩古镇旅游开发应根据其历史文化底蕴与资源特色，重点打造民居文化，通过活态文化的形式展现民居建筑文化和民俗文化。可将冉家院子、杨家行作为移民文化的展示基地;滨江吊脚楼可作为渝东南特色建筑群进行展示,利用西秦会馆、川主庙展示地方戏曲,半边仓、李氏作坊可展示当地特色农产品加工及藤编手工艺等(表 7.4)。

表 7.4　龚滩古镇旅游与展示内容

展示类型	展示载体	展示内容
古镇历史文化	游客服务中心	通过图片、声像等手段展示龚滩古镇产生、发展与演变的历史进程
	千年盐码头	通过纤夫、挑夫等雕塑作品展现龚滩古镇当年盐业运输的盛况
	冉家院子、董家祠堂、杨家行	展示龚滩古镇家族发展及移民历史
	滨江吊脚楼	根据迁建前古镇历史图片资料,展现滨江吊脚楼建筑群的形态特征与空间特色
民族民俗风情	西秦会馆、川主庙	利用会馆空间展示地方戏曲
	桥重桥广场	组织当地民间文艺演出,如土家摆手舞、苗族芦笙舞等
	半边仓、李氏作坊	展示当地特色农产品加工及藤编手工艺等
	古镇正街	定期举办庙会、赶场、打闹锣鼓、情歌对唱等活动,恢复古镇正街的空间活力

7.5　传统村落型山地传统民居文化保护与传承
——以秀山县清溪场镇大寨村为例

大寨村位于秀山县清溪场镇西南方,是杨氏土家族聚居的传统村落。在重庆市民委和建委的支持下,共投入上千万元资金对大寨村进行保护与开发。通过对村落环境的整治、建筑风貌的改造、基础设施的完善,有力推进了大寨村特色村落的建设和保护,使得大寨村成为渝东南地区保护较好的传统村落之一,其保护与传承措施值得借鉴和推广。

7.5.1　大寨传统村落民居文化保护与传承中取得的成功经验

大寨村通过近 10 年的强化保护与宣传、近 2 年的适度旅游开发,村民的保护意识不断加强,认识到大寨传统村落不仅是自己祖先留下的宝贵文化遗产,而且也是人类共同的文化遗产,具有不可再生性和替代性。当地各级政府和村民也积极投入到民居文化的保护与传承中,形成了良好的保护氛围。

1. 传统村落文化的保护与传承

1) 自然生态环境得到了进一步改善

大寨村四面环山,山峦起伏延绵,建筑层层叠叠,掩映在绿树丛中。一条叫响水岩的溪流从村边缓缓淌过,潺潺流水,清澈见底。溪流的两边分布着水稻田,秧苗绿油油的,随风摇摆,宛如一潭绿波。时不时从水田中传出几声蛙鸣,清脆悦耳,回荡山间。好一派田园牧歌景象(图 7.22),怎不让人惊叹,让人陶醉! 这一世外桃源是如何保存下来的,自然生态环境是如何得到改善的呢? 主要采取了以下措施。

图7.22　田园牧歌式的大寨传统村落

严禁砍伐森林、乱采乱挖,严格保护山水空间格局;引进花卉水果种植,做到了户户门前有花有果树;保护古井,定期对古井进行清理维护,并对其周边环境加以整治;整治河道,定期清理沿河垃圾,严禁生活污水排入河流,致使河水清澈,鱼虾明显增多;采取填埋方式处理生活垃圾,"谁产生谁填埋",组织了以文书、妇女主任为组长的卫生检查小组,定期对每家每户进行检查整改;积极发展中药材产业,种植金银花、白术1200亩,既保护了环境,又创造了明显的经济效益。

2) 村落空间形态与传统风貌得到了很好的保护

大寨传统村落为山地型团状聚落,是自然环境与人文环境长期共同作用的结果。因此,在规划建设中务必要保护并传承好这一景观信息图谱。大寨村的村民采取了如下措施。

合理规划整合土地利用,完善土地使用功能,严格控制新、改、扩建项目,用地布局时需对可能影响原有空间形态和传统风貌的用地功能进行调整,处理好新老用地的协调性;对体现乡村田园生活情趣的宅院内外的绿地、古树、院坝、菜园、水田等开敞空间严格保护和控制,不得以任何理由侵占、蚕食;遵从聚落空间形态与传统肌理,不改变原有空间格局,新规划的道路、建筑、设施等不得破坏聚落原有的空间形态与肌理,并有利于聚落原有空间形态与肌理的延续与传承;对于破坏整体风貌的道路、建筑应进行整改修复;注重聚落空间形态的完整性,传统风貌的继承性,控制新建建筑的高度,特别是要控制主要眺望点周围的建筑高度,以保障视线的通达性。这些措施实际上是要保护好山地型团状聚落这一独特的景观信息图谱。

3）进一步完善并提升了传统村落的基础设施功能

受地势高差的影响，建筑大多采用分台布局，导致院坝外有一较高的陡坎，为了安全，做到了家家院坝外设有防护栏；硬化机动车道路近 4000m，铺设青石板路面 1800m，维修石拱桥 1 座，新建平板桥 1 座；整治排水沟渠 1500m；对厨房、厕所进行了全部改造；加强对环境卫生（脏、乱、差）的治理，防止疾病的发生。这些措施进一步完善并提升了大寨传统村落的基础设施功能，为村落文化的保护与传承奠定了良好的基础。

4）非物质文化遗产的保护与传承得到明显改善

首先，在县、镇政府的领导下，在市、县保护管理部门的指导下，成立民间文化研究机构，充分挖掘、整理非物质文化遗产，如传统生产习俗、生活习俗、岁时习俗、节令习俗、宗法习俗、营造习俗、婚丧习俗等民俗文化。

其次，居民是古村落的守望者、文化的传承者。保护非物质文化遗产要重视对居民的保护，尊重居民的生活方式，保护居民的基本利益，积极提高和改善居民的生活条件和水平，鼓励居民继承和发扬传统文化。目前大寨村组建了一支 40 多人的村文艺演出队伍，举办"龙灯闹春"活动，编排了土家摆手舞、跳花灯、舞龙灯等具有地方特色的文艺节目，通过表演，许多年轻人也参与进来了，达到了保护与传承的目的。

2. 民居建筑文化的保护与传承

明确规定新建建筑檐口高度应控制在 6m 以下，且建筑风格、材料、色彩必须与传统民居建筑一致；在传统村落中只准修建穿斗式木结构建筑，不允许修建钢筋混凝土结构和砖结构的建筑，若村民需要则在村域范围内专门划地集中修建；对腐朽、遭破坏的结构体系和构件进行更换、加固；对小青瓦屋面进行排查检漏，补充新瓦，统一了屋脊装饰造型；对近年建造的砖混结构建筑，凡妨碍景观的、能改造的予以改造，使其与传统民居建筑群风貌相协调，目前已对 10 栋现代民居进行了风貌改造；开展传统民居建筑节能改造和功能提升，改善居住条件，以适应现代生活的需求，如把昔日的火铺房改造为起居室，而把火铺移到抹角屋（厨房）（图 7.23）。

村民正在检查、维修屋面　　　　　　　　　瓷砖房风貌改造与修复

昔日的火铺房改造为起居室　　　　　　　　　改造后的厨房

图 7.23　大寨传统村落风貌改造维护与居住功能提升

在新建穿斗式木结构建筑,以及改造水泥房、砖房和维修传统民居建筑的过程中,有不少的年轻人参与其中,使得传统的建造技艺得到了传承。

3. 民居建筑物理环境得到了优化

在通风方面,通过门窗、阁楼、楼梯等的合理化设计,即构造措施,使通风问题得到了一定解决;在采光方面,主要通过直接采光,如增加门洞、侧窗、亮瓦等方式,使采光条件得到了改善;在防潮方面,主要采取木地板架空的方式,使地板与地面相隔 30cm,有的在堂屋铺设地板砖,以达到防潮、改善居住环境的目的(图 7.24)。

4. 旅游发展方式以保护为主,开发为辅

坚持以保护与传承古村落文化为最终目的,大寨村提出了适度的乡村旅游发展模式。打造古村落生活体验区,主要让游客体验到山地传统民居建筑及乡村生活的无穷魅力。在生活区视线视域所及范围内打造田园休闲观光区,沿响水河两岸分布的农田区,分低洼谷地和山坡旱地,一年四季呈现出美不胜收的田园景观,让游客体验到传统农耕文化的魅力。

图 7.24　大寨村传统村落防潮措施

7.5.2 大寨传统村落民居文化保护与传承存在的不足及对策

目前,大寨传统村落民居文化的保护与传承是比较成功的,其方法措施是值得借鉴和推广的,但在具体落实方面仍存在一些不足,需进一步改善(图7.25)。

(1)建筑风貌方面。统一的屋脊装饰样式使得建筑失去原有特色,建筑的独特性不能得到很好体现;新建建筑与老建筑之间布局不是很协调,建筑与聚落环境的和谐统一性需进一步加强;院坝前安装的防护栏,有的用不锈钢,过于现代化,不具有传统特色,应更换为木质防护栏。

(2)基础设施方面。旅游步行道存在水泥路面,破坏聚落整体协调性,应改为青石板路;改造的厕所或厨房实际上为新修建的砖房,与传统建筑整体不协调,应对砖房进行风貌改造或是在原有木质建筑基础上改善厕所或厨房的物理环境;村域内道路为水泥路,路面偏窄,不利于通行,需扩宽道路并铺设为沥青路面,才与古朴典雅的传统风貌和谐协调。

(3)旅游开发方面。目前,由于大寨村住宿、餐饮等配套服务设施缺乏,旅游功能不完善,仅是观光游,尚不能使游客留下来进行深层次的体验。因此,应进一步完善旅游配套服务设施,可以把部分条件好的传统民居进行必要的功能改造,变为客栈或餐厅,方便游人食宿。但要控制游人数量,防止"旅游性破坏"。

简单、粗糙的瓷砖房风貌改造一

简单、粗糙的瓷砖房风貌改造二

极不协调的不锈钢栏杆

增建的青砖厨房缺乏木板壁的肌理

　　　　极不协调的水泥路面与溪流岸线　　　　　　　　　　　　　极不协调的水泥路面

图 7.25　大寨传统村落风貌改造中存在的不足

7.6　本 章 小 结

　　对于渝东南山地传统民居文化保护与传承的研究,要从以人为本的角度,准确把握传统民居建筑、传统聚落、景观信息图谱、民居文化评价等内容,从有关法律法规与技术标准、保护与传承意识、传统村落"空心化"、"建设性破坏"与"旅游性破坏"、非物质文化遗产传承、保护资金等几个方面,分析渝东南地区山地传统民居文化保护与传承面临的困境。提出了可持续发展、因地制宜、有机更新等原则,以及构建完善的保障机制、建立数字化动态监测系统、民居物理环境优化、适度旅游开发、传统聚落文化与民居建筑文化保护与传承策略。最后以酉阳县龚滩古镇型聚落与秀山县大寨村传统村落型聚落为例,进行了实证研究。

参 考 文 献

曹诗图.1994.文化与地理环境.人文地理,9(2):49-53.

常晓舟,石培基.2003.西北历史文化名城持续发展之比较.研究.城市规划,27(12):60-64.

查群.2000.建筑遗产可利用性评估.建筑学报,(11):48-51.

车震宇.2008.传统村落保护中易被忽视的"保存性"破坏.华中建筑,26(8):182-184.

陈升琪.2003.重庆地理.重庆:西南师范大学出版社.

陈文捷,陈红玲,方燕燕.2007.特色古民居文化的继承和保护性开发.地方经济,(36):97-98.

陈英.2008.湘西居住文化.长沙:中南林业科技大学硕士学位论文.

陈钊.1999.山地文化特性及其对山地区域经济发展的影响.山地学报,17(2):179-182.

程建军.2010.风水与建筑.北京:中央编译出版社.

程世丹.2003.三峡地区的传统聚居建筑.武汉大学学报,36(5):94-97.

陈传金.2008.古村落资源分类与评价体系研究.南昌:南昌大学硕士学位论文.

戴蕾.2008.巴渝地区山地建筑形态与城市文脉延续.昆明:昆明理工大学硕士学位论文.

邓蜀阳,高其腾.2011.川东地区传统农村民居的聚落空间探讨.室内设计,(2):14-16.

丁世忠.2009.渝东南地区古镇开发与民俗文化产业的发展.重庆社会科学,(3):92-95.

段进,季松,王海宁.2002.城镇空间解析.北京:中国建筑工业出版社.

段德罡,王宁.2009.传统聚落地域性的当代思考——从玉湖树事件谈起.华中建筑,27(11):147-149.

冯维波.2014.渝东南土家族山地传统民居聚落的空间特征探析.华中建筑,(1):150-153.

冯维波,赵瑞艳.2013.山地传统民居的统筹规划与保护——以国家级历史文化名城中山镇为例.中国名城,(5):62-65.

高静,刘加平,户拥军.2005.地域建筑文化的三种技术表现.西安建筑科技大学学报(自然科学版),37(2):200-203.

顾大男,周俊山.2010.中国民居地理分布格局及其演变.经济地理,30(8):1344-1348.

桂榕.2015."重建旅游——生活空间":文化旅游背景下民族文化遗产可持续发展保护利用研究.思想战线,41(1):106-111.

桂涛.2009.乡土建筑价值及其评价方法研究.昆明:昆明理工大学硕士学位论文.

郭璞.1993.地理正宗.周文铮等译.南宁:广西民族出版社.

郭亚楠.2013.胶东南山地传统村落及建筑文化研究——以七宝山地区为例.青岛:青岛理工大学硕士学位论文.

何服生.1994.石柱土司史料辑录.石柱:石柱县文史委.

何俊萍.1998.会馆文化与会馆建筑.华中建筑,(2):11-13.

胡红林.2008.建成环境的地域性表达.上海:同济大学硕士学位论文.

荆其敏,张丽安.2004.中外传统民居.天津:百花文艺出版社.

符全胜.2004.中国文化自然遗产管理评价的指标体系初探.人文地理,19(5):50-54.

黄东升.2011.浅谈渝东南苗族传统聚落保护与利用——以彭水罗家坨为例.大家,(20):1.

黄红春.2005.重庆山地民居形态与现代人居——浅析重庆山地民居的保护与更新.重庆建筑,(8):65-70.

黄光宇,刘敏.2004.山地文化特性及其对城镇发展的影响.规划师,20(11):97-100.

黄潇.2008.巴渝传统民居中的风水探究.山西建筑,34(6):26-27.

黄一滔.2011.西南地区历史文化村镇保护评价研究.重庆:重庆大学硕士学位论文.

鸿儿.2012.石泉古苗寨——最大最原生态的苗寨.重庆旅游,(12):1.

黄晓燕.2006.历史地段综合价值评价初探.成都:西南交通大学硕士学位论文.

胡最,刘沛林,曹帅强.2013.湖南省传统聚落景观基因的空间特征.地理学报,68(2):219-231.

侯仁之.1979.历史地理学的理论与实践.上海:上海人民出版社.

季文媚.2008.风水理念对中国传统建筑选址和布局的影响.合肥学院学报(自然科学版),18(2):69-71.

金露.2014.生态博物馆的理念、功能转向以及中国实践.贵州社会科学,(6):46-51.

靳松安.2010.论自然环境对河洛与海岱地区古文化形成和发展的影响.许昌学院学报,29(1):85-89.

孔翔,陆韬.2010.传统地域文化形成中的人地关系作用机制初探——以徽州文化为例.人文地理,(3):153-156.

蓝明波,叶祥忠.2012.浅谈渝东南铝土矿床成因与古地理环境的关系.科技与企业杂志,(9):122-123.

李百浩,万艳华.2008.中国村镇建筑文化.武汉:湖北教育出版社.

李进.2003.巴渝古镇聚居文化研究.重庆:重庆大学硕士学位论文.

李良品.2011.历史时期重庆民族地区的土司制度.重庆邮电大学学报,23(3):106-112.

李娜.2001.历史文化名城保护及综合评价的AHP模型.基建优化,22(1):46-47.

李芗,王宜昌,何小川.2002.乡土精神与现代化——传统聚落人居环境对现代聚居社区的启示.工业建筑,32(3):1-5.

李燕妮,王嘉.2012.关于渝东南民族村寨旅游发展的几点思考.经济视角,(4):16-18.

李禹阶.2013.试论重庆历史上人口迁徙的阶段性特点.长江师范学院学报,29(2):1-7.

梁水兰.2013.传统村落评价认定指标体系研究——以滇中地区为例.昆明:昆明理工大学硕士学位论文.

梁雪春,达庆利,朱光亚.2002.我国历史城乡历史地段综合价值的模糊综合评判.东南大学学报(哲学社会科学版),4(2):44-46.

刘德,周国兵,向波,等.2004.重庆雾的天气成因.气象科技,32(6):461-466.

刘福智,刘学贤,刘加平.2003.传统聚落文化浅议.青岛建筑工程学院学报,24(4):23-26.

刘美江.2010.地域文化视野下安康民居的建筑特征.西安:西安建筑科技大学硕士学位论文.

刘沛林.2003.古村落文化景观的基因表达与景观识别.衡阳师范学院学报(社会科学),24(4):1-8.

刘沛林.2008."景观信息链"理论及其在文化旅游地规划中的运用.经济地理,28(6):1035-1039.

刘沛林.2011.中国传统聚落景观基因图谱的构建与应用研究.北京:北京大学博士学位论文.

刘沛林,刘春腊,邓运员,等.2011.我国古城镇景观基因"胞-链-形"的图示表达与区域差异研究.人文地理,(1):94-99.

刘沛林,张世满,霍耀中.2006.碛口旅游发展.太原:山西人民出版社.

刘晓晖,覃琳.2005.土家吊脚楼的特色及其可持续发展思考——渝东南土家族地区传统民居考察.武汉理工大学学报(社会科学版),18(2):273-276.

刘红娅.2012.石泉古苗寨——最大原生态苗寨的古树奇观和人文风韵.环球人文地理,(14):26-31.

卢济威,王海松.2007.山地建筑设计.北京:中国建筑出版社.

陆地.2006.建筑的生与死——历史性建筑再利用研究.南京:东南大学出版社.

陆元鼎.1997.中国民居研究的回顾与展望.华南理工大学学报(自然科学版),25(1):133-139.

吕挺.2012.浅析风水文化的起源、演进与成因.三江高教,8(4):57-62.

吕晓裕.2011.汉江流域文化线路上的传统村镇聚落类型研究.武汉:华中科技大学硕士学位论文.

毛长义,艾南山,张述林.2006.渝东南民族地区旅游业加速发展的思考.涪陵师范学院学报,22(6):141-145.

缪佳伟.2014.重庆地区传统民居通风优化策略研究.重庆:重庆大学硕士学位论文.

牛斌惠.2012.渝东南地区乡村聚落景观的保护与发展研究.成都:西南大学硕士学位论文.

牛慧芳.2015.小店河民居文化保护的困境和出路.河南科技学院学报,(1):103-105.

潘谷西.2004.中国建筑史.北京:中国建筑工业出版社.

潘攀.2010.渝东南石龙井民居建筑装饰艺术特色.装饰,(5):127-128.

秦娜.2011.民俗文化对新农村住宅的影响研究——以关中六营村为例.西安:西安建筑科技大学硕士学位论文.

邱均平.2010.评价学理论·方法·实践.北京:科学出版社.

邱明.2004.历地域性建筑空间研究.杭州:浙江大学硕士学位论文.

冉懋雄.2002.苗族族源与苗族医药溯源探讨.中国民族民间医药杂志,(6):315-320.

任建军.2006.中国传统文化中的生态居住环境思想探析.郑州轻工业学院学报(社会科学版),(3):61-62.

沙润.1997.中国传统建筑民居文化的自然观及其渊源.人文地理,12(3):25-28.

石亚洲.2003.土家族军事史研究.北京:民族出版社.

宋金平.2001.聚落地理专题.北京:北京师范大学出版社.

宋仕平.2006.土家族传统制度文化研究.兰州:兰州大学博士学位论文.

孙雁,覃琳.2006.渝东南土家族民居的建造技术与艺术.重庆建筑大学学报,28(2):21-23.

田莹.2007.自然环境因素影响下的传统聚落形态演变探析.北京:北京林业大学硕士学位论文.

田跃兴,秦荣廷.2012.渝东南乡村旅游业发展策略研究.现代商贸工业,(17):43-44.

汪娇.2012.渝东南地区旅游发展SWOT分析及对策.重庆科技学院学报(社会科学版),(4):93-94.

汪清蓉,李凡.2006.古村落综合价值的定量评价方法及实证研究——以大旗头古村为例.旅游学刊,21(1):19-24.

王飒,汪江华.2012.传统建筑技艺内涵与当代传承方式简析.新建筑,(1):136-139.

王恩涌.2008.中国文化地理学.北京:科学出版社.

王金平,张强.2005.中国传统民居文化的保护与更新思潮浅析.太原理工大学学报,36(增刊):108-110.

王俊,胡伟,张强.2006.风水学在乡村人居环境建设中的科学性研究——以内江市郭北镇长坝山为例.内江师范学院学报,21(增刊):161-164.

王其亨.2012.风水理论研究.天津:天津大学出版社.

王茹.2010.古建筑数字化及三维建模关键技术研究.西安:西北大学博士学位论文.

王山河,陈永,马传松.2003.渝东南少数民族地区旅游功能定位与旅游资源开发探讨.涪陵师范学院学报,19(6):75-78.

王文卿,周立军.1992.中国传统民居构筑形态的自然区划.建筑学报,(4):12-16.

王远康.2009.简论渝东南地区民族文化旅游资源馆藏建设.农业图书情报学刊,21(11):37-40.

王媛钦.2009.基于文化基因的乡村聚落形态研究.苏州:苏州科技学院硕士学位论文.

王昀.2009.传统聚落结构中的空间概念.北京:中国建筑工业出版社.

韦宝畏.2005.从风水的视角看传统村镇环境的选择和设计.兰州:西北师范大学硕士学位论文.

吴良铺,方可,张悦.1998.从城市文化发展的角度,用城市设计的手段看历史文化地段的保护与发展——以北京白塔寺街区的整治与改建为例.华中建筑,16(3):84-89.

吴樱.2007.巴蜀传统建筑地域特色研究.重庆:重庆大学硕士学位论文.

伍国正,吴越.2011.传统民居庭院的文化审美意蕴——以湖南传统庭院式民居为例.华中建筑,(1):84-87.

谢洪梅,苏晓毅.2009.渝东南土家族乡村吊脚楼建筑特色与审美价值.山东农业科技,181(2):123-125.

辛福森.2012.徽州传统村落景观的基本特征和基因识别研究.合肥:安徽师范大学硕士学位论文.

熊晓辉.2014.土家族《上梁歌》的表现形式与音乐特征.重庆三峡学院学报,(1):43-47.

徐辉.2012.巴蜀传统民居院落空间特色研究.重庆:重庆大学硕士学位论文.

徐可.2005.渝东南土家传统民居的地域特质与现代启示.重庆:重庆大学硕士学位论文.

徐立天.2013.重庆市综合地理区划研究.成都:西南大学硕士学位论文.

杨大禹. 2011. 传统民居及其建筑文化基因的传承. 南方建筑,(6):7-11.

杨花. 2011. 明代渝东南地区土司制度研究. 重庆:重庆师范大学硕士学位论文.

杨柳. 2005. 风水思想与古代山水城市营建研究. 重庆:重庆大学博士学位论文.

杨江民. 2012. 渝东南少数民族贫困地区文化旅游发展探析. 黑龙江民族丛刊,(4):93-97.

杨宇振. 2002. 中国西南地域建筑文化研究. 重庆:重庆大学博士学位论文.

余大富. 1996. 我国山区人地系统结构及其变化趋势. 山地研究,14(2):122-128.

余英,陆元鼎. 1996. 东南传统聚落研究——人类聚落学的架构. 华中建筑,14(4):42-47.

余卓群. 2000. 论山地建筑文化品位. 重庆建筑大学学报(社会科学版),1(1):75-78.

余卓群. 2010. 建筑与地理环境. 海口:海南出版社.

于世杰. 2009. 彭水民族文化资源及其对地区发展的影响. 重庆教育学院学报,22(2):84-86.

曾代伟. 2007. 试论"巴楚民族文化圈"的特点——以历史文化的视野考察. 贵州民族研究,(6):151-158.

曾艳,陶金,贺大东. 2013. 开展传统民居文化地理研究. 南方建筑,(1):83-87.

曾诣. 2012. 浅析中国传统宗祠的发展及其现代影响. 五邑大学学报(社会科学版),14(2):63-66.

赵焕臣. 1986. 层次分析法. 北京:科学出版社.

赵新良. 2007. 诗意栖居——中国传统民居的文化解读. 北京:中国建筑工业出版社.

赵勇. 2008. 中国历史文化名镇名村保护理论与方法. 北京:中国建筑工业出版社.

赵勇,崔建甫. 2004. 历史文化村镇保护规划研究. 城市规划,28(8):54-59.

翟辅东. 1994. 论民居文化的区域性因素. 湖南师范大学社会科学学报,(4):108-113.

翟逸波. 2014. 重庆地区传统民居光环境优化设计策略研究. 重庆:重庆大学硕士学位论文.

张艳玲. 2011. 历史文化村镇评价体系研究. 广州:华南理工大学博士学位论文.

张廷玉,张玉书,王鸿绪. 1974. 明史. 北京:中华书局.

张虎勤,杨周岐,张金. 2004. 西安文化遗产可持续发展战略研究. 文博,(3):18-20.

张玉蓉,郑涛. 2011. 渝东南民族地区特色乡村旅游的发展对策研究. 农村经济,(4):33-34.

张在宇. 2014. 地域民居建筑文化的传承与创新. 现代装饰理论,(12):205-206.

郑欣. 2011. 渝东南古镇景观的意象研究. 雅安:四川农业大学硕士学位论文.

中国大百科全书编委会. 1990. 中国大百科全书:地理学卷. 北京:中国大百科全书出版社.

周传金. 2008. 古村落资源分类与评价体系研究. 南昌:南昌大学硕士学位论文.

周亮. 2005. 渝东南土家族民居及传统技术研究. 重庆:重庆大学硕士学位论文.

周尚意. 2004. 文化地理学. 北京:高等教育出版社.

周铁军,黄一滔,王雪松. 2011. 西南地区历史文化村镇保护评价研究. 城市规划,(6):109-116.

周卫东,姚芳. 2010. 湘西土家族民居聚落中的"道"与"礼". 中外建筑,(5):90-92.

朱丹丹. 2008. 旅游对乡村文化传承的影响研究——以爨底下古村为例. 北京:北京林业大学硕士学位论文.

朱光亚,方遒,雷晓鸿. 1998. 建筑遗产评估的一次探索. 新建筑,(2):22-24.

朱光亚,黄滋. 1999. 古村落的保护与发展问题. 建筑学报,(4):56-57.

朱燕红. 2014. 古建筑营造技艺传承及保护. 浙江建筑,31(11):4-6.

朱英君. 2011. 渝东南地区旅游业与城镇化互动发展研究. 重庆:重庆师范大学硕士学位论文.

朱向东,丁辉. 2007. 中国古建筑信息构成及价值初探. 太原理工大学学报,38(1):81-84.

朱晓明. 2001. 试论古村落的评价标准. 古建园林技术,(4):53-55.

朱晓翔. 2005. 我国古村落旅游资源及其评价研究. 开封:河南大学硕士学位论文.

邹德侬,刘丛红,赵建波. 2002. 中国地域性建筑的成就、局限和前瞻. 建筑学报,(5):4-7.

Rapoport A. 2007. 宅形与文化. 常青等译. 北京:中国建筑工业出版社.

Knapp R. 1992. Chinese Landscape:The Village as Place. Honolulu:University of Hawaii Press.